安徽省高校优秀青年人才重点项目（gxyqZD2019054）资助

科研不端行为查处程序研究

Research on the Procedures of Investigation and Handling of Research Misconduct

胡金富　著

中国社会科学出版社

图书在版编目(CIP)数据

科研不端行为查处程序研究／胡金富著．—北京：中国社会科学出版社，2020.7

ISBN 978-7-5203-5996-2

Ⅰ.①科… Ⅱ.①胡… Ⅲ.①科研管理—管理程序—研究—中国 Ⅳ.①G322.1

中国版本图书馆 CIP 数据核字（2020）第 026709 号

出 版 人 赵剑英
责任编辑 王 衡
责任校对 程 怡
责任印制 王 超

出 版 中国社会科学出版社
社 址 北京鼓楼西大街甲 158 号
邮 编 100720
网 址 http://www.csspw.cn
发 行 部 010-84083685
门 市 部 010-84029450
经 销 新华书店及其他书店

印 刷 北京明恒达印务有限公司
装 订 廊坊市广阳区广增装订厂
版 次 2020 年 7 月第 1 版
印 次 2020 年 7 月第 1 次印刷

开 本 710×1000 1/16
印 张 15.5
插 页 2
字 数 231 千字
定 价 89.00 元

前　言

科研不端行为是指在科研活动中违反科学共同体公认的科研行为准则的行为。科研不端行为污染了学术风气、浪费了科研资源、阻碍了科技创新、影响了科技进步、破坏了公众对科学的信任。如何提高对科研不端行为的治理能力和水平，已经成为当今世界各国有关部门共同关注的一个重要问题。相对于美欧等西方发达国家而言，我国的科研不端行为治理体系建设起步较晚，虽然国内主要科研资助机构查处制度体系基本建立，但现行查处制度中的查处程序设计相对简单，在查处实践中查处程序问题时有发生，而学术界对科研不端行为查处程序进行系统研究暂付阙如。本书基于程序正义等理论，从理论研究和案例分析双重角度对科研不端行为查处程序做了探讨。对科研不端行为的治理而言，维护程序正义和惩处科研不端行为二者缺一不可，通过优化科研不端行为查处程序来保护当事人的程序性权利，实现查处程序正义显得尤为必要而迫切。

程序正义，实质上是对法律程序所承载的正义价值承诺的兑现，程序正义是蕴含在现代法治社会发展和完善过程中的一整套程序规则、程序原则和程序理念，已经成为现代法治社会、法治国家的重要观念和价值追求。与实体正义关注裁判结果的公平公正所不同的是，程序正义更关注产生正确裁判结果的过程，要使人感受到过程的公平正义。在科研不端行为查处实践中，实体正义固然重要，但程序正义更加重要，因为它具有独特的价值。科研不端行为查处的程序正义不仅是保证查处结果公正性的必要条件，而且维护了当事人的人格尊严和查处结果的公信力。

科研不端行为查处程序的制度设计，可以借鉴程序正义理论，遵循参与性、中立性、对等性、合理性、及时性和终结性等原则，最大限度地减少程序缺陷。

本书主体内容包括三个部分。第一部分：通过对程序正义理论与科研不端行为查处程序之间逻辑关系的分析，指出程序正义既是科研不端行为查处程序优化的价值导向，也是查处程序优劣的评价标准和查处程序优化的重要保障。第二部分：以程序正义理论为视角，以科研不端行为查处程序为核心，从查处对象合法权益和社会公共利益两个维度，考察现行科研不端行为查处程序制度，剖析科研不端行为典型案例，审视查处程序设计中存在的问题。通过综合运用多学科交叉研究、比较分析研究、文本分析研究、典型案例研究、实证研究和逻辑推理等研究方法，全方位、多角度、多层面探讨科研不端行为查处程序制度。第三部分：在对我国现行的查处程序制度进行检视和对美国查处程序建设方面的特色做法进行分析介绍的基础上，探讨我国科研不端行为查处程序优化的基本思路。

本书在三个方面力争取得突破，首先，在研究内容方面，试图对科研不端行为查处程序进行系统的研究，不局限于中美两国主要科研资助机构的查处制度文本，而是拓展到对国外科研不端行为治理方面特色做法进行系统的调研分析，通过对国内学者尚未做过系统研究的美国典型经验进行深入的调研分析，总结了有关运行机制以及对我国的启示，如对美国科研不端行为独立查处机构研究诚信办公室、美国自愿排除和解协议的内涵与特点以及美国科研不端行为信息记录系统的内涵与运行机制进行了系统的研究。其次，在研究视角方面，以程序正义等理论为视角、从理论研究和案例剖析两个方面来探讨科研不端行为的查处程序，研究视角独特、立意新颖。最后，在研究方法方面，综合运用系统分析法、多学科分析法、典型案例分析法、理论联系实际的方法等，通过对科研不端行为查处典型案例系统剖析，试图直观、形象地展现科研不端行为查处程序的完整图景。

目　　录

第一章　绪论

第一节　选题背景及研究目的和意义

一　选题的背景

科研不端行为，又称学术不端行为，是科学史上一个由来已久的问题。虽然它被科学共同体和社会大众广为知晓是20世纪70年代以后的事情，但是在人类科学知识的生产和传播过程中早已有之。20世纪七八十年代，就在全世界学术界一片风平浪静之时，美国却接连曝光了多起科研不端行为事件，当时科学界对此类问题不屑一顾，许多国家对公开披露的做法表示无法理解，甚至以略带嘲讽的态度来看待此事。直到1983年，美国科学记者威廉·布劳德和尼古拉斯·韦德出版了《背叛真理的人们——科学殿堂中的弄虚作假》一书，该书首次披露了科学史上多个杰出科学家都存在科研数据造假。起初，人们不敢相信一个以探索真理为己任的科研人员，怎么可能会背叛职业道德去弄虚作假呢？即便是有这样的造假舞弊的丑闻，也应当是极个别精神失常或道德缺陷的人所为。然而，随着科学界发现的不端行为案例日益增多并被接连曝光，让科学共同体和社会公众逐渐意识到这一切已经不再是一种偶然现象，而是科技与社会发展到一定阶段，学术异化所出现的一种必然现象。

人类在认识和改造世界的过程中，不断地对大自然的神奇现象进行探索，努力探索其中的奥秘，积极寻找其中的规律，在不断地追求真理中表现出执着的科学精神。然而，随着近现代经济社会的快速发展和科学技术的突飞猛进，尤其是当科学进步和技术创新成为经济社会发展的主要推动力被充分认识后，当初科学家们那种严谨诚信、不怕困难、勇于开拓、积极进取、求实创新的良好形象和科学精神，在日益激烈的竞争环境和各种利益诱惑面前发生了异化，自由而诚实、疯狂追求科学真理的科学家形象在公众心中逐步淡化和消失。科学界各种弄虚作假的丑闻让科学共同体集体蒙羞，给健康发展的科学事业造成了严重的负面影响，引发了公众对科学的信任危机。一场捍卫科学道德、维护科研诚信，打击科研不端行为的行动正在全球范围内兴起。

科研行为到科研不端行为的演变经历了一系列的过程：从古代社会没有科研规范到自发朴素的科研规范，从近现代零散的科研规范发展到当前科学严谨体系化的科研行为规范，从对科研行为规范的关注到对科研不端行为的关注，从对科研不端行为是偶然现象的认识到对科研不端行为是必然现象的认识，从对科研不端行为的道德谴责到对科研不端行为的依法依规查处，从对科研不端行为的防范教育到对科研不端行为的查处惩戒与防范教育并重。科研行为规范演化经历了从无到有，从简单到复杂，从自觉履行到形同虚设，这一个不断演变的过程体现了科学共同体在不断地自我反思，对科研行为规范和科研不端行为的认知也在逐步深入。

从科学史上来看，美国曝光了多起具有较大影响力的科研不端行为典型案件。如巴尔的摩事件，1986 年 4 月，特里萨·嘉莉与戴维·巴尔的摩等人在《细胞》（*Cell*）杂志合作发表了一篇论文。但后来，特里萨·嘉莉的同事玛格特·欧图勒提出论文数据有造假嫌疑，因该案涉及 1975 年诺贝尔生理学或医学奖获得者巴尔的摩，巴尔的摩被迫辞去洛克菲勒大学校长职务，而当事人巨大的学术影响力引发了巨大的社会反响和强烈关注。由于该案发生时美国科研不端查处机制并不完善，此案的查处在经历了长达 10 年的反反复复之后，最终特里萨·嘉莉与戴维·巴尔的摩得到平反，使其成为全世界影响最大的科研不端案件。此外，伯尔曼事件也是美国科学史上最具影响力的案例之一，佛蒙特大学的埃里克·伯尔曼在 1992—2002 年，于 10 多个联邦科研经费申请和 10 篇论文中造假，最终处罚涉及行政处罚、民事赔偿和追究刑事责任，除了终身禁止接受联邦政府研究经费资助、处以18万美元的罚款之外，更重要的是还被法院判处监禁1年零1天，伯尔曼成为美国历史上第一个因科研不端行为而被判入狱的人。

中国科学院于2013年编写出版了《科学与诚信：发人深省的科研不端行为案例》一书，书中选取了具有重要影响的19个科研不端行为典型案例，其中包括美国最具有代表性的学术不端行为“舍恩事件”，我国的“李富斌剽窃事件”和“西安交大李连生伪造剽窃事件”等3个较为重大的科研不端的案例，该书详细介绍了案情的来龙去脉、恶劣影响及处理结果。客观地说，除了这些典型案例之外，近年来，还发生了许多产生的影响及轰动效应更大的案件，比如美国哈佛大名鼎鼎的心理学家马克·豪瑟学术不端事件，韩国“民族英雄”黄禹锡学术不端事件，日本的小保方晴子学术造假事件，上海交通大学陈进的“汉芯事件”，浙江大学贺海波论文造假案件，北京大学于艳茹抄袭事件和国外学术期刊同行评审造假发起的多起大规模撤稿事件等。

虽然科研不端行为早已有之，但是相应的治理却未能及时跟上。20世纪70年代以后，美国生物医学领域出现的科研不端行为接二连三地被媒体曝光，随后科研不端行为逐渐大量出现并迅速蔓延，并伴随着科研事业的发展进步呈现出了愈演愈烈之势，越来越多的科研不端行为事实被揭露出来，加上媒体的大量渲染和广泛传播，使其步入科学共同体和社会公众的视野，人们开始对“科学家是天生诚实的人”产生了怀疑，社会公众对科学的信任产生危机，科研不端行为已经不容忽视。引起了政府和社会公众的强烈关注，一桩桩科学造假丑闻迫使美国联邦政府开始介入，积极出台政策予以应对。美国是世界上最早公开披露科研不端行为的国家，也是第一个以国家名义制定科研不端行为治理政策的国家，美国于20世纪80年代末实现了科研不端治理的体制化。1999年，美国白宫科学技术政策办公室面向公众征集对科研不端行为治理联邦政策的建议，结合收集的政策建议，该办公室于2000年12月6日颁布了《关于科研不端行为的联邦政策》（以下简称《联邦政策》），与此同时，美国各科研管理部门、学术团体、科技协会、高校及科研机构纷纷依据《联邦政策》出台各自的科研不端行为治理办法。

从国外的科研不端行为治理实践来看，20 世纪 70 年代以来，美国联邦政府率先将其纳入公共治理范围，取得的治理成效较为显著。1989 年 3 月，美国卫生与公共服务部（HHS：Department of Health and Human Service，以下简称卫生部）在美国国立卫生研究院（NIH：National Institutes of Health）院长办公室设立了科学诚信办公室（OSI：Office of Scientific Integrity），负责调查 NIH 资助项目中的科研不端行为；同时在 HHS 助理部长办公室设立了科学诚信审查办公室（OSIR：Office of Science Integrity Review），负责审查、监督资助项目的科研诚信。1992 年 5 月，在 OSI 和 OSIR 基础上成立了研究诚信办公室（ORI：Office of Research Integrity），并从 NIH 分离出来，成为 HHS 的一个独立实体，拓展了 ORI 的管辖权，由 HHS 助理部长直接管理。HHS 的 ORI 和美国国家科学基金会（NSF：National Science Foundation）的监察长办公室（OIG：Office of the Inspector General），每年都收到大量的科研不端行为投诉举报，此外，一些高校和科研单位也接到大量涉嫌科研不端行为的研究项目举报。

从国内的治理情况来看，国家自然科学基金委员会（NSFC：National Natural Science Foundation of China）的监督委员会每年都会收到不少涉及科研不端行为的投诉举报，2013 年 8 月 1 日 NSFC 在北京召开了科学道德建设通报会，通报指出，自 2010 年 1 月 1 日至 2013 年 6 月 30 日，NSFC 的监督委员会共收到科研不端行为投诉举报及建议 468 件。这是 NSFC 第一次组织召开媒体通报会，在国内外科技界产生了良好的反响，赢得一致好评。2014 年 12 月 30 日，NSFC 以“捍卫科学道德，反对科研不端”为主题在北京组织召开了 2014 年的通报会，会议通报了 NSFC 在 2013—2014 年度科研不端行为举报受理情况和查处的典型案例。2014 年，NSFC 收到了 206 件科研不端行为举报。此后 NSFC 又于 2016 年 12 月 12 日在北京再次召开了以“捍卫科学道德，反对科研不端”为主题的媒体通报会，会议公开通报了 2015—2016 年所受理的 382 件举报案件处理的总体情况，对其中的 208 件进行了查处，最终对 172 名责任人和

9 个依托单位分别做了处理。通过定期进行媒体通报会可以看出，以 NSFC 为代表国内科研不端治理机构在不断完善查处程序，逐渐形成信息公开机制，维护了社会公众的知情权和监督权。

2009 年 12 月 19 日，晶体学界的著名国际期刊《晶体学报》（*Acta Crystallographia*）E 分卷公开刊登了一则撤稿声明，宣布一次性撤销来自井冈山大学的钟华、刘涛发表在该刊物的 70 篇存在数据造假的论文，这是震惊学术界的重大科学造假丑闻，也是国内学者首次因科研不端行为被国外学术期刊大规模撤稿。2012 年以来，国外学术期刊出版集团接连发生多起同行评审造假的撤稿事件，特别是 2015 年，国外大型学术出版集团的英国现代生物（BMC：Bio Med Central）、施普林格（Springer）、爱思唯尔（Elsevier）等先后出现了 3 次大规模撤稿事件，涉及中国学者造假论文 114 篇。我国科研人员因同行评审造假多次被撤稿，使这种新的科研不端形式为国内学界所熟知。科研不端行为由科学研究的数据造假、项目实施的过程造假转向科研成果发表阶段的造假，从传统的论文内容造假转向当前的论文发表过程和内容均造假的严重科研不端行为。2017 年 4 月，曾在施普林格出版集团旗下的《肿瘤生物学》（*Tumor Biology*）杂志再次爆发大规模撤稿事件，宣布撤销中国学者于 2012—2015 年间发表的 107 篇同行评审造假论文，创造了学术期刊单次撤稿数量之最，大量的数据反映了我国科研不端行为的治理形势非常严峻，科研不端行为不仅长期存在，而且还在向科学出版领域蔓延，科研不端问题不只是个别科研工作者的个人道德缺陷问题，更是集中反映了一个国家处于社会转型期的结构性问题和体制性问题，加强和改进科研不端行为的治理已经成为政府公共治理领域一项非常重要的工作。

当前，科研不端行为遍布全球，成为一个全球性的热点问题，世界各国都在积极采取治理行动，从治理的趋势来看，治理行动已经从科学共同体的内部治理走向了国家层面的政府治理，并开始走向全球范围内的共同治理。从治理的实践来看，有的国家在治理体系建设方面已经相对完善，通过立法，从国家层面建立健全法律法规制度，统一全国范围的科研不端行为的定义、内涵，统一协调指导全国各级各类机构或部门对科研不端行为进行治理，同时吸引了一些全国性的学会、协会、行会、学术团体组织，研究联盟以及学术出版集团等共同参与、团结一致，联合开展打击科研不端行为的行动。治理的手段从早期的单纯依靠道德约束发展到注重依靠法律规范规制，从过去的科学共同体治理走向政府公共治理，从一国的单独治理走向全球协同治理。

近年来，随着我国经济社会的持续快速发展和《国家中长期科技发展规划纲要》的实施，深入推进科教兴国、人才强国和创新型国家建设等一系列重大战略目标的实施，政府对科技和教育事业的财政投入规模持续扩大，在重点领域部署了一批体现国家战略需求的重大科技专项，科技事业呈现出良好的发展态势。但在国家科技、教育事业不断繁荣发展的同时，也暴露出了一些科技工作者科学道德修养欠缺、急功近利、弄虚作假、骗取名利等诸多问题，一段时间以来，各种科研不端行为不断增多，并且有愈演愈烈之势。为此，我国政府相关部门也在积极应对，探索科研不端行为的治理之策，先后制定、修订了一些针对科研不端问题治理的法律法规、政策条例和学术规范等文本，比如 2007 年修订了《中华人民共和国科技进步法》、2010 年修订了《中华人民共和国著作权法》等，都从法律层面对科研诚信教育和科研不端行为治理进行了规制。科技部、教育部、中国科学院、国家自然科学基金委和中国科协等科研资助管理部门也分别制定了科研不端行为处理办法，如国家科技部制定并于 2007 年 1 月 1 日起施行的《国家科技计划实施中科研不端行为处理办法（试行)》，国务院根据《中华人民共和国科技进步法》制定并于 2007 年 4 月 1 日起施行的《国家自然科学基金条例》。此外，为了更有效地打击科研不端行为、维护科学基金项目研究的诚信，国家自然科学基金委监督委员会制定了《国家自然科学基金委员会对科学基金资助工作中不端行为的处理办法（试行)》(以下简称《处理办法（试行)》)，《处理办法（试行)》立足于查处工作的组织运行系统和具体操作流程，包括实际查处工作过程中的诸多环节、步骤和程序，进一步细化了科研不端行为查处工作程序以及各程序之间的逻辑关系，努力使科研不端行为查处工作更加科学、规范。

二 研究目的和意义

科研不端行为是当今全球共同面对的一个共性问题，其治理问题既是一个世界性难题，也是目前世界各国公共治理和科技管理领域面临的一个重要课题。探讨科研不端行为的治理，一直以来都是理论界和实务界共同关注的一个热门话题。学术界主要是从理论上对科研不端行为进行研究，运用科技哲学、科技管理学、科学伦理学、科学心理学、科学社会学、越轨社会学、知识产权法学、管理学、经济学、法学、教育学等多个理论视角来深入剖析科研不端行为的主要危害、产生根源、防范路径和治理对策。实务界主要是从实践方面关注科研诚信的体制化建设，通过统一科研不端行为的界定、设立维护科研诚信的专门办事机构、加强科研规范的教育宣传、推进科研诚信立法立规、开展科研不端行为的查处，从实际操作层面努力去惩戒科研不端，积极维护科研诚信。

本书的研究目的：根据科研不端问题所涉及的学科理论，综合运用多学科交叉的分析方法，从科学哲学、科学社会学、公共管理学、法学、系统科学以及公共治理理论和方法出发，探讨科研不端行为治理中查处程序的正义问题。众所周知美国是当今世界上科技最发达的国家之一，也是科研诚信体制化最早的国家，因此本研究重点考察了美国在科研不端行为治理方面的特色亮点和经验做法。通过对国内外科研不端行为研究现状的梳理分析，对科研不端行为查处的实践困境进行现实考察，以及对中美两国主要科研管理机构现有科研不端行为查处体系的分析、国内部分科研不端行为典型案例的剖析，分析考察国内外主要科研管理部门的科研不端行为查处组织系统的设立、查处制度的设计、查处程序的构成、程序运行机制的特点和程序间的逻辑关系，进而从阶段性程序构建层面对科研不端行为的举报受理、初步核查、调查认定、处理决定形成、申诉救济、处理结果公布、案件信息记录等进行系统分析。本书以程序正义理论为视角，分析科研不端行为查处组织系统诸程序的价值与模式，力图完整勾勒出科研不端行为查处程序的整体图景。与此同时，将我国主要科研资助机构的科研不端行为查处模式与国外典型科研资助机构的查处程序进行比较，对我国科研不端行为查处程序进行重新审视，指出我国目前的科研不端行为查处程序建设尚存在诸多有待改善的薄弱环节，在此基础上，提出构建具有中国特色，既符合现实国情和时代要求，又能够体现程序正义的科研不端行为查处程序，为科研管理机构从实际操作层面完善阶段性操作程序提供参考和借鉴。

本书的研究意义：科学研究是人类社会一项特殊而又高尚的事业，科学知识的生产和流通是以科学家的诚信为基础的，科学共同体具有一套良好的自我纠错系统，科研不端行为即便存在也只是极个别精神失常者所为，社会公众对科学家和科学研究活动的信任度是非常高的。然而，20 世纪七八十年代，世界各国科学界披露出来的捏造、篡改、剽窃等种种科研不端案件动摇了这种信任，社会对科学的信任已经崩溃，科研诚信的缺失必将影响科学的发展进步和公众对科学的信任。早期科学家孜孜不倦地追求真理的科学精神已经随着经济社会的不断发展逐渐消失，科学家自身的道德自律和科学共同体的自我净化已经远远不能适应当今迅猛发展的科学研究事业了，科学研究事业的持续健康发展迫切需要政府及社会有关方面介入科研不端行为的治理，在此意义上，探讨科研不端行为的查处程序既是当前解决科研不端的现实需要，也是维护科研诚信和促进科学事业健康发展的必然要求。

学者们一般认为，在科学社会学研究领域，存在两大主要学派。一是以美国著名科学社会学家默顿（R. K. Merton）为代表的默顿学派，默顿认为科学是体制化的社会活动，具有独特的行为规范，即普遍主义、公有主义、无私利性和有条理的怀疑主义；二是以英国科学社会学家贝尔纳（J. D. Bernal）为代表的贝尔纳学派，贝尔纳认为科学的主要功能是变革社会。20 世纪后期，贝尔纳学派的主要代表性人物，英国的科学家、科学社会学家约翰·齐曼（John Ziman）在解构“默顿范式”的过程中，修正和发展了“默顿范式”，提出了由学院科学向后学院科学发展的科学规范新形态，建立了后学院科学的“齐曼范式”，齐曼最大的贡献在于其理论超越了“默顿范式”，随着对科学语境变迁的觉察，齐曼开始重新审视科学的真面目，在批判吸收传统科学观和科学实在论等理论基础上实现了超越。使得科学规范更具时代性和适用性，既具有时代特征又贴近现实科学活动，推动了默顿规范从应然状态向实然状态转变。

20 世纪 60 年代以来，世界科学技术的发展日新月异，格局出现了重大变化，其中最突出的变化是科学技术的发展空间明显拓展了，由过去的个人和大学的行为转变成了政府和企业的行为，随着知识经济的兴起和知识社会的不断形成，科学技术的政策化和产业化趋势愈加明显，许多国家已经意识到培植、依靠和监管科学技术的重要性了。在我国，邓小平提出“科学技术是第一生产力”的论断，肯定了科学技术对经济社会发展发挥着重要的推动作用。三次科技革命极大地提高了劳动生产率、推动了社会生产力的发展，使社会物质财富急剧增长、人民生活水平大幅改善，当前世界各国为了在新一轮的科技革命到来之前抢占先机，把握新科技革命的主动权，争取在关键技术领域的重大理论和核心技术上取得重大突破，抢占新一轮科技革命的新机遇和制高点，各国纷纷投入庞大的资金、人员开展科学研究，科学技术研究事业已经成为世界科技竞争的主战场，从事科学研究事业的研究人员规模在不断扩大，科研活动已经由过去少数精英阶层的个人兴趣爱好发展为现如今数以万计人谋生的职业，为获取更多由科研成果带来的荣誉和利益，科学家之间必然会为争夺有限的资源而展开激烈竞争，在急功近利的社会氛围下，在巨大的科研竞争压力下，在诱人的利益回报驱使下，少数科研人员会出现学术投机行为，发现并利用科学体制上的缺陷，有的迫于各种压力背离了基本的科学道德。为了确保公共资金得到节约、合理、有效地利用，避免科研不端行为严重冲击科学事业，建立和完善科研不端行为的查处体系显得意义重大。

科研不端问题已经成为当今世界各国科研管理机构、科学共同体和社会各界普遍关注的一个焦点问题、热门话题，理论界从科学哲学、科学社会学、管理学、伦理学、法学等多个角度对科研不端行为进行深入细致的剖析；实务界从建立科研诚信机构、加强教育宣传、推进制度建设等方面来预防和查处科研不端行为。随着国内科研经费支出持续增加和科研竞争压力不断增大，近年来，国内科研不端行为有愈演愈烈之势，问题亟须加以研究解决。国家教育部、科技部、中国科协、中国科学院、国家自然科学基金委等部门都出台了有关政策规范，界定了科研不端的内涵，许多学者已对科研不端行为的类型、产生根源及防范对策做了较多的研究，产生了许多研究成果。然而，通过对科研不端相关研究文献的梳理，可以发现目前对科研不端行为查处程序的研究明显不足，尚未发现学者从程序正义的视角对科研不端行为查处程序进行相关的研究。

从国家治理的层面来看，治理科研不端行为是一个复杂的系统工程，不仅需要一套科学行之有效的法律法规制度体系，还需要具有可操作性的阶段性查处程序规范，更需要高效运转的执行系统。2006 年 2 月 7 日，国务院在《国家中长期科学和技术发展规划纲要（2006—2020 年)》中，明确提出了“推进科技管理体制改革”的改革任务。2014 年 4 月 22 日，刘延东同志在科研项目和资金管理改革座谈会上也提出，“完善科研信用管理，对学术不端行为‘零容忍’”。科技管理体制改革任务的提出和国务院领导的讲话精神，标志着科研管理体制的改革任务已经明确，完善科研管理和打击学术不端行为也进入政策流程，接下来的任务是研究如何完善科研治理制度，细化科研不端行为查处的阶段性程序，设计一套符合程序正义的操作规程，通过规范科研不端行为的治理来推动科学研究事业的健康发展。

本研究是在国家提出加快法治建设、促进国家治理体系和治理能力现代化的大背景下，基于国内层出不穷的科研不端行为查处工作是现实需要，同时有利于弥补目前在科研不端行为查处程序方面研究不足的基础上提出的。研究紧紧抓住了程序法治的核心即程序正义，以程序正义等理论为视角，审视科研不端行为查处程序制度文本，从理论研究与案例分析方面考察了科研不端行为的查处程序，力图优化现有科研不端行为的查处程序制度，探索构建一套符合程序正义的科研不端行为查处阶段性程序，不仅可以保证查处结果公正，而且能够维护当事人的人格尊严和查处结果的公信力。本研究属于交叉学科综合研究领域，涉及法学、管理学、社会学、伦理学等多学科交叉的领域。

具体来说，本书的研究意义包括以下四个方面：一是通过对科研不端行为查处程序制度的理论检视和实践考察，为国内科研资助管理机构修订和完善科研不端行为的查处程序制度提供理论支撑，为完善科研不端行为查处程序的具体操作提供思路；二是通过对美国自愿排除和解协议的内涵和特点的介绍与分析，为国内科研不端行为治理模式创新和治理体系建设提供借鉴和启发；二是通过对美国科研不端记录系统运行机制的研究，为国内建立科研不端行为信息记录和档案管理提供经验借鉴；四是通过对中美主要科研管理机构的科研不端行为查处阶段性程序的研究，为国内科研不端行为查处程序的完善提供参考。本研究成果可以为科技部、教育部、国家自然科学基金委、中国科学院、国家卫生健康委员会和中国科协等科研资助管理部门，下一步在修订和完善现行的科研不端行为查处程序制度提供参考，有助于国内各科研管理机构提升科研不端行为治理的能力和水平，进而促进科研诚信和良好学风的形成。

第二节 国内外相关研究现状及述评

一 国外相关研究现状

古代有没有科研不端行为？从笔者所能查阅到的文献来看，尚未发现相关记载。科研不端究竟最早从何时开始出现的？很难有统一的答案，但可以肯定的是，伴随着科研活动的职业化和科研竞争的白热化，违背科学道德的行为会不同程度地发生，或许早期科研不端行为还比较罕见，至少科研活动中的各种弄虚作假现象并未进入公众视野，科研不端问题尚未成为科学界的讨论话题。直到 1983 年，《背叛真理的人们——科学殿堂中的弄虚作假》一书出版，此书被认为是较早关于科研不端问题研究的著作，作者在书中引用了大量的案例，揭露了科学史上许多杰出人物在科研活动中存在数据造假，描写了科技界各式各样的科研舞弊行为。《背叛真理的人们》告诉我们，不是所有的科学家都是诚实的，就连世界闻名的大科学家也不例外，他们的实验结果也许没有我们想象中的那么完美。比如，以“古代最伟大的天文学家、地理学家”著称的托勒密，他的许多天文观察数据不是来源于自己的观察，而是取自于图书馆一本希腊天文学家的著作。被誉为“近代科学方法的创始人”的伽利略，他的很多科研成果常常因不能被意大利的物理学同行们重复实验做出来而遭到怀疑。“历史上最伟大的科学家”牛顿也曾经伪造数据，居然为的是让数据更具说服力，此外，牛顿还同莱布尼茨争夺微积分的发明优先权。“化学界的大人物”道尔顿的化学实验不能被重复，遭到同行们广泛质疑。被誉为“现代遗传学之父”的孟德尔，后人发现了他发表的研究论文中有关统计数据完美到令人质疑，缺乏真实性。还有美国著名的实验物理学家、诺贝尔奖获得者密立根，篡改了大量实验数据，只为了使实验结果更令人信服。

20 世纪以后，科学技术的突飞猛进，特别是三次科技革命的浪潮更是极大地推动了社会的不断进步，一方面，有力地推动了经济社会快速发展；另一方面，促进了科学研究事业的健康发展。资本主义国家科研环境也在不断地发生变化，伴随着周期性的经济危机，许多行业出现了大量失业人群，政府也在缩减科研经费投入，科学家面对较大的职业竞争压力，加之从事科学研究活动所需资源的争夺变得越来越激烈，科学家弄虚作假的现象开始逐渐增多，被同行发现和举报的情况时有发生。20 世纪 70 年代以后，美国接连披露了生物医学和行为科学领域存在大量的伪造、篡改、剽窃事件，如萨默林事件、阿尔萨布狄事件以及达尔西事件等科研不端典型案件，使人们不再相信科研诚信的缺失是偶然现象。

在国外，美国最先曝光多起科研不端典型事件，这些不端行为主要分布在生物医学领域，引发了美国联邦政府、科学共同体和社会公众的高度关注，正是因为这些研究与社会公众的生命健康问题关系更加密切，所以此后一段时间内，美国联邦政府开始通过政治介入科学领域，通过设立独立的查处机构、制定严格的查处制度来推动科研不端行为的治理，政府和科研管理部门通过组织有关科研不端治理问题的研究，研究成果也随之在不断增多。通过对既有文献的梳理，可以看出这一领域的研究主题集中在三个方面：第一个方面是科研不端行为的归因研究，如齐曼

（1970）认为科学家在特定环境下也会从事欺诈行为，马丁（1992）认为研究人员与科研活动的疏离是科研不端行为产生的重要因素，贾德森（2004）认为社会制度和诚信文化的缺失是诱发科研不端行为的重要因素；第二个方面是对科研不端行为治理体系的研究，对该问题的研究应当包括概念界定和监督治理的政策措施，如普林斯（1994）从美国联邦政府的视角对科研不端行为的定义和边界进行了探讨，弗兰西斯（1999）对美国科研不端行为治理政策的流变进行了回顾，并对政策制定过程中存在的主要问题进行了分析，帕斯卡（1999，2000，2006）对美国科研不端行为治理体系中不同责任主体的职责进行了探讨，此外还对美国卫生部所设立的独立查处机构——科研诚信办公室（ORI）做了介绍，苏珊等（1992）从追究责任人刑事责任的角度探讨了科研不端行为的惩处措施问题；第三个方面是对科研诚信问题的研究，随着相关理论研究的不断深入，科学界逐渐意识到科研不端问题的根本解决之道在于科研诚信的教育和不端行为的防范，麦克丽娜（2005）阐释了负责任研究行为的哲学基础及内涵，奥尔夫（2008）提出了诚信是科学研究和科技创新的核心价值。

从世界范围对科研不端问题的总体研究情况来看，在国外尤其是欧美国家对此领域相关问题的关注较早，学者们对科研不端行为相关问题的研究起步较早，其中美国是科研不端问题出现较早的国家，相应地也是该领域研究最为活跃的国家，学者们在此领域也颇有建树。近年来，研究主题和侧重点也在变化，从对科研不端的研究转向了负责任研究行为教育的研究，但始终没有将科研不端行为查处程序规范作为研究主题，随着世界各国相继出现各种科研不端行为，科研不端行为逐渐成为各国学术界的研究对象，研究的方法也从传统的社会学视域转向管理学、伦理学、法学等多角度进行综合研究。进入 21 世纪，随着科学研究活动中的国际合作日益增多，合作的深度和广度不断增加，出现的科研不端问题越来越复杂，学术界开始关注科研不端查处的国际合作研究。2007—2019 年的十多年间，分别在葡萄牙（2007 年）、新加坡（2010 年）、加拿大（2013 年）、巴西（2015 年）、荷兰（2017 年）和中国香港地区

（2019 年）召开了六届世界科研诚信大会，大会每隔 2—3 年举行一次，吸引了来自世界数十个国家的数百人参加，就促进科研诚信体系建设一系列共同关心的问题进行了深入研讨。五届世界科研诚信大会围绕的主要议题都是探讨科研诚信建设的实践和思考，以及加强国际合作，共同应对科研不端问题，科研不端行为的调查处理问题始终是每届大会讨论的热点话题之一。

二　国内相关研究现状

20 世纪 80 年代，国内改革开放大幕拉开，人们的思想也开始解放，随着国家层面对科学技术发展的空前重视，科学界对科学家的道德问题有了关注。1980 年，我国著名生物化学家邹承鲁当选中国科学院学部委员（1993 年 10 月学部委员改称为院士），邹承鲁早在 1981 年就明确提出了科学家需要遵守“科学道德”问题，他率先向中国科技界、教育界长期存在的导师署名潜规则宣战，提出了“科学研究来不得半点虚假，可是有的人却弄虚作假，用以追逐名利。个别人甚至不择手段去剽窃他人成果，就更令人不能容忍”。不仅如此，邹承鲁还以实际行动来唤起人们对科学道德的重视，1981 年 10 月，他与其他几位院士科学家联名致函《科学报》，建议开展一场以“科研工作中的精神文明”为主题的大讨论，这是中华人民共和国成立以来科学界人士第一次探讨自身建设问题，也引发了 1982 年北京、上海等地科学家倡导和制定《科学工作者道德规范》。由此拉开了国内学术界对科学道德相关问题进行探索的大幕。

从国内对该领域问题的关注来看，1993 年中国科学界曝光了一起极其罕见的物理学论文剽窃事件——李富斌事件，李富斌事件可以说是国内科学界的第一起公开披露的科研不端行为典型案件，案件一经曝光，立即引起了科学界的普遍关注，使得学术界对科研不端行为的研究给予了较大的关注，此后的一段时间，一些学者就该案件进行介绍、分析、反思，希望科技工作者杜绝弄虚作假、模范遵守科学道德。在李富斌事件以后，国内开始有学者关注该领域，但这一时期国内的研究还处于刚刚起步阶段，从研究的主题来看，主要还是以介绍国外对科研不端行为的成果为主，包括科研不端的定义及有关政策规章，如陈民（1996）向国内介绍了美国关于科研不端行为的定义，以及关于定义的争论；吴琴南（1998）向国内介绍了德国马普协会推出的预防、控制科研不端行为的内部规章，德国在预防和查处科研不端行为的主要做法。虽然这一时期国内开始出现有关科研不端行为、科学道德或者学术不端行为的研究成果，但是成果的数量非常有限，研究的主题也比较单一。

进入21世纪后，随着国内科研环境的不断变化和国内科研管理部门对该领域的更多关注，国内一些学者和从事科研管理的人在该领域进行了大量的探索和研究，其研究成果产出量明显增多，按照最终成果的类型划分，主要体现在四个方面：一是通过对科研不端行为的防范和治理方面展开深入研究，成果以学术论文为主，有的还写成了硕士、博士学位论文；二是国内主要科研管理部门组织专家学者编写科研活动规范或科研诚信指南，成果以科研规范辅助性读物或科研诚信教材为主；三是国内部分学者对国外一些科研不端行为治理的成果进行翻译和引入，成果以译著为主；四是国内主要科研资助管理部门组织专家学者和科技管理者共同制定了科研不端行为查处制度，成果以部门规章制度为主。详见表1－1—表1－5。

表1－1　**以科研不端行为为研究对象的主要博士、硕士学位论文**

学位	时间/年	学校	作者	学位论文题目	主要内容
博士	2008	复旦大学	潘晴燕	《论科研不端行为及防范路径探究》	从表现形式、危害、原因归纳和防范路径进行了研究
博士	2009	中南大学	蒋美仕	《科研不端行为及其防范体系的理论与范例研究》	从理论上分析了美国科研不端行为的综合防范体系，并对国内制度提出了建议
博士	2011	西南大学	白勤	《高校教师学术不端行为治理研究》	通过抽样调查研究方法，从现状分析、原因分析和治理路径方面进行了研究
博士	2012	中国科学技术大学	胡剑	《欧美科研不端行为治理体系研究》	从欧美国家的治理模式出发，对概念界定、查处程序、预防及披露制度建设方面进行了研究

续表

学位	时间/年	学校	作者	学位论文题目	主要内容
博士	2014	中国科学技术大学	梁帅	《科学造假的成因分析与制度防控》	从科学造假的含义、类型、危害、原因、败露机制和防控机制方面进行了研究
硕士	2012	中国科学院大学	卢文平	《科学不端行为的治理——ORI与NSFC的比较》	通过文献分析和实证研究，找出两个机构对科学不端行为治理的异同
硕士	2014	中南大学	蒋安	《科研不端行为查处程序的比较分析——基于美国、韩国及中国的典型案例》	通过比较和分析美国、韩国及中国典型案件的查处程序异同，提出美韩查处程序的借鉴意义

表1－2　**以科研（学术）不端行为为主题的辅导性读本**

出版时间	书名	编者或著者	出版社	读者对象
2004年10月	《学术规范导论》	杨玉圣、张保生主编	高等教育出版社	高校博士研究生、硕士研究生、大学生以及高校教师、科研机构研究人员
2005年8月	《学术规范通论》	叶继元等编著	华东师范大学出版社	科研工作者、高校教育工作者以及高等院校研究生、本科生
2007年8月	《科学研究的道德与规范》	冯坚、王英萍、韩正之著	上海交通大学出版社	高校教育工作者、在校大学生以及科研工作者
2009年6月	《高校人文社会科学学术规范指南》	教育部社会科学委员会学风建设委员会	高等教育出版社	教师和科研管理工作者、在校大学生
2009年9月	《科研活动与道德规范读本》	中国科学院编	科学出版社	科研人员和科研管理人员、教育工作者以及本科生、研究生
2009年11月	《科研活动诚信指南》	科学技术部科研诚信建设办公室组织编写	科学技术文献出版社	政府部门、科研资助机构、高等学校和科研机构的管理人员、教学科研人员以及研究生、企业科研人员和科技出版单位编辑

续表

出版时间	书名	编者或著者	出版社	读者对象
2009年11月	《科研诚信知识读本》	科学技术部科研诚信建设办公室组织编写	科学技术文献出版社	政府部门、高等学校和科研机构的管理人员以及教学科研人员、科技期刊主编和编辑、博士后人员和研究生
2010年6月	《高等学校科学技术学术规范指南》	教育部科学技术委员会学风建设委员会组编	中国人民大学出版社	高校教师、学生和科研人员
2013年1月	《科学与诚信：发人深省的科研不端行为案例》	中国科学院编	科学出版社	科研人员、科研管理人员、教育工作者，以及在校本科生、研究生

表1-3　**以科研（学术）不端行为为主题的译著**

出版时间	书名	译者	作者	出版社
2004年12月	《背叛真理的人们：科学殿堂的弄虚作假》	朱进宁、方玉珍	[美] 威廉·布罗德（William J. Broad）、尼古拉斯·韦德（Nicholas Wade）	上海科技教育出版社
2005年5月	《科学家的不端行为：捏造·篡改·剽窃》	杨舰、程远远、严凌纳	[日] 山崎茂明	清华大学出版社
2005年10月	《科研伦理入门：ORI介绍负责任研究行为》	曹南燕、吴寿乾、姚莉萍	[美] 斯丹尼克（Nichael Jordan）	清华大学出版社
2006年7月	《诚实做学问：从大一到教授》	郜元宝、李小杰	[美] 查尔斯·李普森（Charles Lipson）	华东师范大学出版社
2006年12月	《科学幽灵》	彭英、苏峰	[美] 迈克尔·乔丹（Michael Jordan）	湖南科学技术出版社
2007年1月	《科研道德：倡导负责行为》	苗德岁	美国医学科学院，美国科学三院国家科研委员会	北京大学出版社
2011年5月	《大背叛：科学中的欺诈》	张铁梅、徐国强	[美] 霍勒斯·弗里兰·贾德森	生活·读书·新知三联书店
2011年7月	《科研诚信：负责任的科研行为教程与案例》	何鸣鸿、陈越	[美] Francis L. Macrina	高等教育出版社
2014年5月	《怎样当一名科学家：科学研究中的负责行为》	刘华杰	美国科学工程与公共政策委员会	中国科学技术出版社

表 1－4　国外科研资助机构颁布的有关科研（学术）不端行为查处制度

颁布时间	颁布国家	颁布单位及制度名称
20 世纪 90 年代	加拿大	加拿大卫生研究院、自然科学与工程研究理事会、人文与社会科学研究理事会联合发布了《三大理事会关于研究与学术活动中诚信政策的联合声明》
1997 年	英国	英国医学研究理事会《关于科研不端行为指控调查的政策和程序》
1997 年	德国	德国德意志研究联合会（DFG）《关于保障良好学术规范的建议》和《研究行为规范》
2000 年	美国	科学技术政策办公室《关于科研不端行为的联邦政策》
2001 年	美国	美国国家科学基金会《美国国家科学基金会关于研究不端行为的规定》
2002 年	英国	英国工程与物质科学研究理事会《工程与物质科学研究良好行为指导方针》
2005 年	日本	日本综合科学技术会议、文部科学省《关于切实应对科研不端行为的意见》《关于处理科研不端行为的指导方针》
2007 年	澳大利亚	澳大利亚国家卫生和医学研究理事会、研究理事会和澳大利亚大学联盟《澳大利亚负责任的科研行为规范》《负责任的科研行为规范》

表 1－5　国内科研资助机构颁布的有关科研（学术）不端行为的主要查处制度

实施时间	颁布单位	制度名称	适用范围
1999 年 11 月	科技部、教育部、中国科学院、中国工程院、中国科协	《关于科技工作者行为准则的若干意见》（国科发政〔1999〕524 号）	五部委的科技工作者
2005 年 3 月	国家自然科学基金委员会监督委员会	《国家自然科学基金委员会监督委员会对科学基金资助工作中不端行为的处理办法（试行）》	国家自然科学基金委资助科研项目
2007 年 1 月	科技部	《国家科技计划实施中科研不端行为处理办法（试行）》	科技部

续表

实施时间	颁布单位	制度名称	适用范围
2007年1月	中国科协	《科技工作者科学道德规范（试行）》	中国科协所属全国学会、协会、研究会会员及其他科技工作者
2007年2月	中国科学院	《关于加强科研行为规范建设的意见》	中国科学院
2008年11月	中国科学院	《中国科学院院士违背科学道德行为处理办法》修订版	中国科学院
2014年12月	中国工程院	《中国工程院院士违背科学道德行为处理办法》修订版	中国工程院
2016年3月	中国科学院	《中国科学院对科研不端行为的调查处理暂行办法》修订版	中国科学院
2016年9月	教育部	《高等学校预防与处理学术不端行为办法》修订版	教育部

科研不端问题已经成为当前社会极为关注和亟须解决的问题。国家教育部、科技部、中国科协、中国科学院、国家自然科学基金委等部门都出台了有关政策规范，界定了科研不端行为的内涵，许多学者已对科研不端行为的类型、原因、防范措施等做了较多的研究，但遗憾的是，对已经发生科研不端行为的调查处理研究明显不足，对查处程序的研究没有引起更多学者的关注，对国外的一些查处经验的介绍和研究尚不充分，如作者在文献调研过程中，到目前未发现国内学者对美国自愿排除和解协议在科研不端查处实践的相关研究。然而，科研不端治理是一个复杂的系统工程，需要行之有效的策略，更需要行之有效的制度。《国家中长期科学和技术发展规划纲要（2006—2020年）》提出了“推进科技管理体制改革”的改革任务。2014年4月22日刘延东同志在科研项目和资金管理改革座谈会上也提出“完善科研信用管理，对学术不端行为‘零容忍’”。这一改革任务的提出，表明科研管理体制的改革任务已获得政治合法性并进入政策流程，接下来的任务是研究如何完善科研治理制度，从而适应科学研究事业的健康发展。

近些年来，随着国内科研事业的持续快速发展，越来越多的科研人员从事科研活动，科研资源的竞争压力不断加大，相应地科研不端行为事件也在增多，许多案件经过媒体曝光和渲染，使人们对科研不端行为相关问题的关注度也逐渐升温，同时也促使国内一些学者开始展开相关的研究工作，将国外的有关科研不端行为研究的著作进行了翻译、引入国内，一些译著在国内产生了较大的影响，如朱进宁、方玉珍翻译了《背叛真理的人们——科学殿堂的弄虚作假》（该书曾于20世纪80年代在国内出版），杨舰等翻译了《科学家的不端行为——捏造·篡改·剽窃》，曹南燕等翻译了《科研伦理入门——ORI介绍负责任研究行为》，苗德岁翻译了《科研道德——倡导负责行为》，何鸣鸿、陈越合作翻译了《科研诚信：负责任的科研行为教程与案例》。除了以上译著以外，在国家科技部科研诚信建设办公室成立以后，还专门组织专家编写了科研诚信知识辅导性读物，比如2009年由科学技术文献出版社出版了《科研诚信知识读本》和《科研诚信指南》，重点向科研工作者普及了科研诚信的知识以及防范科研不端行为的基本常识，再如2011年天津大学出版社出版了《学术诚信与学术规范》，该书从理论和典型案例两方面对学术规范进行了阐释。从以上译著和科技部诚信办编写的辅导性读本来看，这些成果主要是从科研道德、科研规范、科研诚信的角度出发探讨科研不端行为。

再从学术论文方面的研究成果来看，最近几年国内以科研不端行为为主题产出的学术论文较多，这些研究成果主要可以分为五个方面，一是从科研不端行为的概念进行深入剖析，如曹树基的《学术不端行为：概念及防治》和何跃等的《学术腐败与学术不端的区别及其区分意义》都对有关概念进行了剖析；二是从科研不端行为的法律规制的视角进行了研究，如刘长秋的《法制视野下的科研不端：成因与对策》、沈海燕等的《自律与他律：科研不端行为的道德与法律分析》、柳华文等的《刍议学术不端行为及其监督惩戒》和蒋美仕等的《从职业伦理到公共政策的制度性转变》，从法律规制和公共治理来探讨科研不端的惩戒；三是从国外科研不端行为的治理经验启示方面研究，如黄军英的《国外遏制学术不端行为的做法对我国的启示》、蒯强的《法国倡导科研诚信与反对学术不端行为的举措》、王艳的《美国的科研诚信：联邦政府的作用》；四是从实证的角度和社会学角度来分析研究科研不端行为，如古继宝等的《科技论文资助重复率统计分析与形成机制研究》和刘秋华的《科研不端行为的社会学分析》；五是从交叉学科综合分析的视角来分析科研不端行为，如齐萌等的《学术不端行为的法律经济学分析》。此外，蒋美仕等的《科研不端行为查处程序的比较分析》，是基于美国、韩国及中国的典型案例进行了比较研究。通过对已有文献的梳理可见，国内关于科研不端行为的查处规范的研究尚不充分，对科研不端行为查处实践中的阶段性查处程序制度进行系统性研究尚属阙如。科研不端行为查处程序规范的研究不足，远远不能适应目前国内查处工作的现实需要。

综合国内外学者们的研究趋势，可以归纳为以下三个方面：

第一，研究方法上呈现出跨学科研究的趋势，超越了传统的科学社会学视域，开始转向多学科交叉、多视角审视，实现对科研不端问题的整体性研究，综合运用管理学、社会学、法学、伦理学、政治学等理论进行分析研究。

第二，研究主题从早期科研不端行为的概念界定、类型划分及产生根源，逐渐过渡到科研不端行为的防范措施和治理对策，再到负责任研究行为的教育和科研不端行为的惩处，体现了维护科研诚信有防范和治理两个着力点，即加强科研诚信教育和规范科研不端行为查处。

第三，研究范式从定性研究转向定量研究，未来再逐渐转向混合式研究，从早期的描述性研究转向当前的实证性研究，从经验主义研究逐渐转向人文主义研究，从单纯的理论研究转向理论研究和案例分析相结合的研究。

（一）从科研不端行为的界定视角分析

华中农业大学的伍莺莺和许峥嵘明确提出，科研不端行为的实施主体不仅包括直接从事科研活动的科研人员，它还应当涵盖参与同行评审的专家学者，如科研管理部门、项目评审验收、成果鉴定的同行评议人员，他们也有可能在实施评审鉴定工作中弄虚作假。科研人员的不端行为主要存在于伪造学术信息、捏造实验数据、修改实验结果和剽窃他人研究成果等。科研管理部门虽然不从事具体的研究工作，但是也存在弄虚作假、徇私舞弊行为，实施不端行为的主体包括政府的职能部门和具体科研单位的科研管理机构，政府作为科研管理的组织部门，对科研项目的审批具有重要的影响，对评审结果起着决定性的作用，科研单位的科研管理部门夸大自身的科研实力和科研资源占有量，此外，经常通过非正常途径搞公关，采取不正当手段获取科研资源。项目的最终评审验收和科研成果的鉴定需要组织同行专家进行评议，现实中很多评议人员都是科研单位的朋友圈专家，常常碍于情面，带有人情因素实施评议，导致评审过程缺乏公平性。

浙江工商大学的王雅芬研究员按照科研立项、科研实施、成果发表等环节对科研不端行为进行分类，提出了基于科研人员、科研管理组织、评审专家和学术期刊编辑的不端行为。比如科研人员在科研立项环节，申请课题时伪造个人学历资历信息、虚列科研成果或者夸大自身的科研能力；在科研的具体实施环节，存在伪造、篡改、剽窃和修改实验数据，引用他人研究成果未按照要求标明出处，以及滥用科研经费等行为；在成果发表环节，存在一稿多投、拆分发表或者“搭车”署名等行为；在研究成果的报告和评议环节，夸大研究成果或者作虚假陈述。从科研管理组织、评审专家和学术期刊编辑方面来看，其主要存在科研立项审批和成果发表及评议环节碍于人情等因素，不能公平公正进行评价等现象。

中南财经政法大学的赵君和鄢苗对科研不端行为的概念界定做了梳理，指出美国对科研不端行为的概念研究较深入，于 2000 年形成了科研不端行为的统一定义，有利于加强对科研不端行为的管控，避免由于定义模糊和差异带来的争议。国内对科研不端行为的定义可分为科研管理机构和研究学者两个定义主体，管理机构主要是从自身管理工作实际出发，侧重于从捏造、篡改、剽窃和违背科学共同体公认的规则角度，而研究学者在管理机构的定义基础上，还从违反学术道德、社会道德层面予以强调，体现了科研不端行为是属于道德层面的问题。

(二) 从科研不端行为的类型视角分析

国家自然科学基金委的方玉东和陈越在对科研不端行为的概念进行探讨的基础上，紧接着对其类型进行了研究，先是通过介绍美国密歇根大学 Nicholas H. Steneck (2006) 教授提出的“三种行为框架理论”，将研究行为划分为三种类型：一是故意的不端行为 (FFP)；二是有问题的研究行为 (QRP)；三是负责任的研究行为 (RCR)。其中，FFP 是指伪造、篡改、剽窃，是美国联邦政府界定的科研不端行为，是监管机构查处的对象；而 QRP 则是指破坏了研究事业的传统价值，这种做法可能是一种有害于研究过程的行为，比 FFP 涵盖的对象更加宽泛，是介于 FFP 和 RCR 之间的一种状态，通常是指存在的问题和情节还没有严重到需要政府去采取行动的程度。

方玉东和陈越在对我国科研不端行为的监管政策文本进行梳理后，在监管机构层面对科研不端行为类型提及频次进行聚类分析基础上，将我国的科研不端行为区分为“核心层面的科研不端行为”和“扩展层面的科研不端行为”两种类型，前者是一种显性的不端行为表现，主要涵盖了科研课题申请、科研活动开展、科研成果的发表或报告三大阶段的多种具体不端行为。包括伪造学术信息、学术经历、学术成果等，伪造或篡改实验数据等，一稿多投、重复发表、拆分发表等，署名不实、搭车署名、馈赠署名等，抄袭剽窃他人成果未标注出处，夸大研究成果，虚假陈述等，同行评议中做出虚假学术评价，伪造或隐瞒重要信息等八种行为。后者是指处于诚实的错误和欺诈之间的一种“灰色地带”，类似于 Steneck 教授提出的 QRP，尽管违背了科学精神，但尚未达到需要政府介入查处的程度。

(三) 从科研不端行为的危害及影响分析视角分析

南昌大学的韩迎春和陈速对科研不端行为的社会危害和负面影响作了较为全面的分析，总结出四个方面的主要危害：一是对国家长期积累的良好学术声誉造成严重负面影响；二是对国家科研资源的分配形成负面影响；三是对科研基金的公正性和学术研究的纯洁性造成负面影响；四是对所在单位和社会公众造成负面影响。在科技全球化的背景下，个别科学家的科研不端行为直接关系到整个国家科技工作者的形象。就科学研究事业而言，科研不端行为直接导致科研经费和科研资源的浪费，破坏了公平正义，甚至给公众的财产和生命健康带来危害。

中国科学院科技政策与管理科学研究所的黄小茹指出科研不端行为已经成为当前学术界的一个重要问题，并不断受到社会的广泛关注，科研不端行为具有较大的社会危害性，它不仅影响到科研人员本人、所在学术团体、科学共同体的声誉和利益，而且影响了科学事业的长期健康发展。同时，她还指出科研不端行为的治理正在从科学共同体内部走向科研管理的政策操作层面，科研不端行为的界定问题是科研不端行为治理的源头问题，美国在概念界定方面经历了较长时间的演变，可以剖析和借鉴美国的经验。目前国内已经意识到问题的严重性和工作的紧迫性，但在这方面的工作还处在起步阶段，有待于进一步深入。

（四）从科研不端行为的原因分析视角分析

山东科技大学的苑素梅和研究生彭小荡对科研不端行为的成因进行了探讨，从内因和外因两个方面对科研不端行为的成因进行分析，内因主要体现为科研者的科研水平和科研道德认知，包括科研人员责任感缺失和诚信滑坡；外因主要体现为社会经济文化环境和科研制度的不完善，包括科研资源的稀缺性导致的利益驱动、科研成果的高收益和低风险引发的心理刺激、社会多元文化营造的不端氛围，再加上目前国内科研评价不科学，对科研不端行为的监管制度不完善、措施不力。

（五）从科研不端行为的防范措施视角分析

中南大学的蒋美仕对科研不端行为的防范体系进行了探讨，根据科研不端行为演变的规律，分析了美国科研不端行为的防范经历了两次策略转变，第一次是从职业伦理到公共政策的转变；第二次是从公共政策到综合防范，综合防范的手段包括伦理、法律、法规、规章、政策、技术、教育、培训和研究等。美国在防范科研不端行为的制度体系建设方面比较成熟，主要表现在形成了两套相对独立的法规政策体系，一是直接规制与科研活动相关的具体不端行为的法规政策体系；二是与此科研活动伦理密切相关的不端行为，如参与研究实验的人体被试保护、实验室动物的福利、管理数据的活动、各种利益冲突、导师与研究生的责任、合作研究中的角色关系、同行评议及保密等方面的法规政策体系。

（六）从科研不端行为的调查处理视角分析

中国科学技术信息研究所的郭德政对科研不端行为的调查处理责权划分问题进行了探讨，以科技项目的全生命周期为视角，厘清了科研不端行为调查处理过程中的职责和权力，郭德政提出计划管理部门在调查处理过程中起到统筹和监管的作用，项目承担单位是科研不端行为调查的责任主体。

此外，中国科学技术信息研究所的孙平和郭德政还进一步探讨了科研不端行为调查工作的专业化问题，从中国和美国在科研不端行为调查工作的制度和体系比较入手，分析了我国的查处实践中存在的问题和挑战，最后在促进科研不端行为的调查专业化方面提出了自己的对策建议。

（七）从科研不端行为相关人员的权益保护视角分析

山东财经大学的常宏建和国家自然科学基金委的方玉东对科研不端行为的听证制度进行了探讨，从保护科研人员的听证权、防止行政权力的干扰入手，回顾了听证制度在国外科研不端行为查处实践中的应用现状，探讨听证制度在我国科研不端查处实践应用的必要性，并结合国家自然科学基金委在查处科研不端中的听证实践，提出从制定听证的规章、程序、听证形式、听证代表的遴选和监督机制等完善听证制度。

山东科技大学的董兴佩对科研不端行为的成因进行了探讨，从中国和美国科研不端行为的举报人保护制度比较入手，重点考察了美国科研不端行为举报人的保护制度内涵，包括立法保护、举报人的个人信息保密制度、禁止对举报人采取报复行为、高额奖励和补偿机制等，提出我国在科研不端行为举报人保护制度建设方面起步较晚，应当积极学习美国的制度设计和司法实践，促使在法律理念上从功利价值主义向人权保护主义转变。

三 国内外相关研究现状述评

从文献资料调研的结果来看，国内外学者都将科研不端行为的概念界定和类型分析作为重要的研究主题，体现了科研不端行为的界定是整个查处制度体系的先导，是科研不端行为治理的逻辑前提，没有明确的定义，对科研不端行为进行调查和认定就无从谈起。国外各科研管理部门对科研不端行为的定义有许多相似之处，如 1989 年美国卫生部和 1991 年美国国家科学基金会（NSF）对科研不端行为都进行了明确界定：不端行为即科研不端行为，是指伪造、篡改、剽窃以及其他严重违背科学共同体公认的惯例之行为，NSF 还提出科研不端行为仅限于 NSF 资助项目。此后，在美国，围绕科研不端行为定义问题的争议一直在进行，直到 2000 年美国白宫科技政策办公室才在充分吸收建议和仔细讨论斟酌的基础上，发布了《关于科研不端行为的联邦政策》，从而形成了美国最权威、统一的科研不端行为的定义，使美国所有的大学、医院和研究机构对科研不端行为定义的争执、异议得以消除。

除此以外，国外的研究还着力从科研诚信的教育和科研不端行为的查处两方面展开，一方面，针对大量的科研不端行为举报，要进行解决，需要相关的管理规范作为政策依据，而政策制定的背后需要专家学者对此进行理论研究予以理论支撑，所以学者对查处问题进行了探索和研究；另一方面，科研不端行为的治本之策是通过科研诚信的教育来进行防范，而不仅仅在于惩罚当事人，这种治理理念的转变，促使学者对负责任的研究行为进行了研究。这两方面的研究一直是科研不端行为领域的两个主要研究方向，国外学者的研究更为深入和全面，并且在这两个方向取得了大量的研究成果。

从国内的相关研究情况来看，国内的研究主要集中在科研不端行为的界定、产生根源、防范措施和治理对策等几个方面。相对于美欧等西方发达国家而言，我国公开曝光的科研不端行为事件稍晚，相应的治理程序和措施手段相对简单，已经落后于科研不端行为查处工作的现实需要，有关科研不端行为的理论研究相对滞后，但伴随着国内科研资源竞争压力的日渐增大和科研不端行为日渐增多的科研环境，许多学者在吸取发达国家研究经验的基础上，从科学哲学、科学社会学、法学、管理学、伦理学等不同视角对国内科研不端行为进行了大量的探讨，取得了较为丰富的研究成果，但也仍然存在一些有待深入系统研究的重要问题。

（一）科研不端行为的界定不统一问题

科研不端行为的界定不统一，国内科研资助管理部门各自为政，从自身管理工作实际出发，对科研不端行为的界定主要采取的是列举法，罗列出各种具体的科研不端行为表现形式，其定义相对比较模糊，如严重违背学术规范的不端行为表现在实践中就难以认定，造成可操作性不强。此外，不同的科研资助管理部门的界定差异较大，比如有的部门把科研经费的违规使用等学术腐败、甚至是违法犯罪问题也列为不端行为的表现形式，给打击科研不端行为的具体实施带来困境。因此，重新审视不同视角下科研不端行为定义的优劣势在必行，早日形成全国范围内统一的科研不端行为界定，为进一步完善科研不端查处的统一规则、统一尺度、统一程序奠定基础。

（二）科研不端行为的举报和受理问题

科研不端行为的举报受理的联动机制。科研不端行为的发现主要有两种情况，一种是知情人发现并向有关部门举报；另一种是科研管理部门在实施监管过程中发现的。前者较为常见，一般来说知情人是科学共同体内部人士，要么是不端行为的参与者，要么是未参与不端的其他同行。当他们发现某一科研不端行为，要不要举报、向谁举报就是首要问题，在浙江大学贺海波案件中，浙江大学和国家自然科学基金委分别收到举报信，各自进行了查处工作，一个科研不端行为事件存在两个受理主体，调查和处理工作出现了交叉，因此，从科研管理规范性和科研管理资源利用角度看，要尽快研究制定科研不端行为举报受理的联动机制，实现举报信息在不同主体间的共享。此外，还要加快建立新媒体举报响应机制，以适应新媒体环境下的科研不端治理需要。

（三）科研不端行为的调查空间设置问题

科研不端行为的调查空间设置改革。纵观目前国内科研资助管理机构的通常做法，科研不端行为的调查工作皆由被举报人的所在单位开展调查，这种让“自家人查自家人”的做法，其调查结果往往不是社会公众所期待或预料的，调查的公正性受到质疑，这种调查从空间上来说属于内部调查，缺乏可信度，要提高调查工作的规范性和调查结果的社会认可度，必须引入外部调查。因此，从科研不端行为的调查空间设置上要进行改革，可以借鉴国外的科研不端治理经验，引入独立第三方，合理分配科研资助管理机构、科研单位和独立第三方的调查权限，要尽快研究建立多主体参与内外结合的调查机制。

（四）科研不端行为调查的临时行政措施问题

科研不端行为调查期间，应当建立健全科研不端行为调查取证期间的临时行政措施；坚持“疑罪从无”的原则，在没有彻底查清事实真相的阶段，被举报人从事科研活动的权利不得被剥夺；但当正式调查已经基本查明存在科研不端行为事实的基础上，科研管理部门也要及时果断地对有关当事人及其参与者采取临时性的限制措施，酌情对其正常的科研活动作出适当的中止。具体来说，一方面，在没有认定存在科研不端行为时，要保证未决的申请正常评审；另一方面，已获得存在科研不端行为的优势证据时，要防止科研资源的流失，保护科研资金不被继续滥用。

（五）科研不端行为的查处程序分离问题

科研不端行为的处理决定的形成，应当建立调查与处理程序分离机制，调查取证是处理决定形成的前提，调查组的工作重心在于了解科研不端的事件真相，对事件的性质和科研不端行为严重程度作出判断，对具体违规情节和科研不端行为人的恶意程度进行判断，对其他利益主体或社会公共利益造成的损害进行评估，对科研不端行为人在不端行为事件中的角色以及应当承担的责任进行界定，以上这些因素都是科研不端行为处理决定形成的基本考量因素。处理决定应当由专门负责科研不端行为处理的行政人员作出，而不是前期参与调查的专家组成员，只有查处分离，才能确保程序正义，提高办案质量。

（六）科研不端行为的处理决定形成问题

科研不端行为的处理决定形成的协议机制，应当建立处理决定的形成协议机制，探索多元化科研不端问题解决机制，可以立足我国科研不端行为治理实际，大胆借鉴国外先进经验，如通过签署自愿排除和解协议，科研不端行为人自愿与一个或多个机构达成被排除在外的和解意愿，自愿同意在一定时间内自愿将个人的某种活动权利排除在一定范围之外，自愿协议可以减少案件的申诉，减轻日益沉重的申诉、复议抑或诉讼负荷，减少科研不端查处的人、财、物消耗，降低科研不端行为治理的成本，提高科研不端行为治理的质量和水平。

（七）科研不端行为处理的救济程序问题

科研不端行为处理的救济程序，应当健全和完善科研不端行为处理的听证和申诉救济机制，科研不端行为当事人认为调查结论与事实不符、处理决定形成的理由不充分，或者科研管理部门作出的处理决定过重，应当予以纠正，可以按照处理决定告知书提供的申诉救济途径，在规定时间范围按照一定的程序向相关科研管理部门提出申请，要求有关部门重新审查所作的行政行为，有关行政部门需对具体行政行为启动审查程序，及时进行补救，可撤销或变更处理决定，亦可重新作出处理决定。救济有两种途径：第一种是正式发布处理决定前的听证程序；第二种是正式发布处理决定后的申诉程序。

（八）科研不端行为查处的程序衔接问题

科研不端行为查处的衔接机制，应当建立科研不端行为查处的衔接机制，学术期刊、研究单位和科研资助机构之间需要建立联动机制，如国外学术期刊发现已经发表的论文存在同行评审造假，随即对问题论文进行了撤稿，作为作者的所在单位不应当沉默，而应当及时启动撤稿后的查处程序，依据国内现有的科研不端管理政策，对国内的科研不端行为人采取相应的处罚措施，如国家自然科学基金委在 2015 年三次大规模撤稿事件后，针对撤稿论文所标注的科研资助项目进行了后续查处工作，实现了科研不端行为的共防共治，不同部门的协同治理。

（九）科研不端行为的举报人权益保障问题

科研不端行为的举报人权益保障机制，绝大部分科研不端行为的举报人都是出于正义揭发科研造假，他们常常是科研不端行为的参与者或知情者，虽然他们是站在社会公共利益的立场上，但是经常面临着被报复的风险。因此，如何维护科研不端行为举报人的个人信息安全，保护举报人免遭报复性行动，切实保证举报人的获得奖励或补偿是一个必须面对的现实问题。科研不端行为的举报人可能掌握着科研不端行为发生的全部或者部分细节，除了向受理机构提供一定的证据外，应当建立和完善举报人可参与调查方案的制订或者调查取证的具体过程，有利于提高查处的效率和质量。

（十）科研不端行为处理的信息记录问题

科研不端行为的档案管理和记录系统的维护，应当建立科研不端行为记录系统，对科研不端行为事件中当事人的个人基本信息、不端行为的类型、不端行为的调查事实及关键证据，对当事人采取的处罚措施以及多少人陈述申辩意见等情况进行记录，它是证明科研不端行为实际发生的法律证据。科研不端记录系统的建设和运行应当是在维护社会公共利益和个人利益平衡的基础上，按照国家有关政务信息公开的政策要求，坚持客观、透明、公平、公正的原则，科研不端行为记录系统包括记录对象与内容和措施与管理两个主要方面。要完善科研不端查处档案的维护机制，特别是信息的动态维护机制，不能让科研不端行为当事人被处罚的信息永远暴露在网上。

第三节　研究思路及基本框架

一　研究思路

本书重点选取了美国和中国为例，因为美国能够代表科研不端行为查处制度最为成熟的国家；中国是世界上最大的发展中国家、同时目前也正成长为世界科技发展的一支新兴力量，通过对中美科研不端行为现行查处制度文本分析的基础上，以中美科研不端行为查处程序为研究对象，通过正反两方面典型案例剖析，系统探究科研不端行为查处的组织系统，提出了科研不端行为的查处程序建设完善的路径，以便为科研不端行为查处制度的修订提供参考，为科研管理部门的具体查处实践提供指导。主要研究思路见图 1－1。

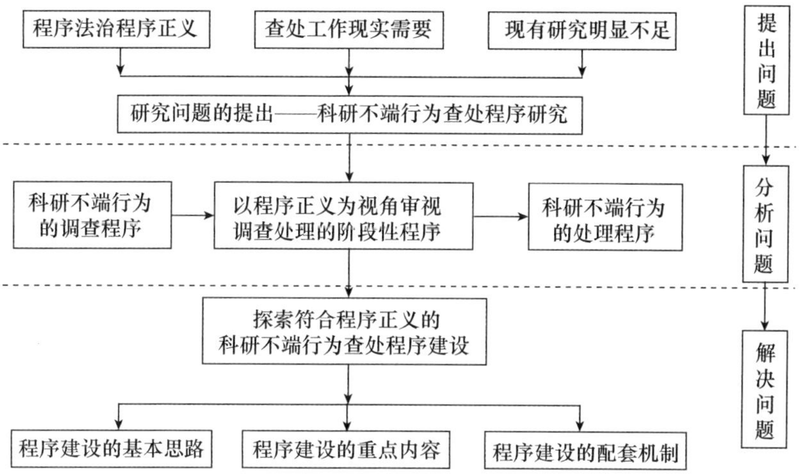

图 1-1 本书的主要研究思路

本书拟从以下几个方面进行研究：

一是从科研不端行为查处的完成时限和调查的空间要求方面进行研究。初步调查、正式调查、申诉救济等阶段性程序的完成时限要求；初步调查和正式调查在空间要求上是采取内部调查还是外部调查。

二是临时行政措施的实施与解除。初步调查发现存在科研不端行为的嫌疑，具有开展正式调查的必要性，而科研不端行为正在进一步发展，可能会涉及科研经费等科研资源的流失，有必要采取临时性行政措施保障科研资金的安全，待事实和责任认定后，再适时解除临时性行政措施。

三是美国自愿排除和解协议的研究。对美国研究诚信办公室采取的科研不端行为惩处模式进行研究和介绍，分析签署自愿协议模式的特点，通过科学对话模式，让科学家充分参与到科研不端行为的惩处过程，维护其知情选择权，达到协商一致、自觉自愿。

四是科研不端记录系统的制度内涵。对美国研究诚信办公室采取的科研不端行为记录系统进行研究，分析 ORI 的科研记录系统的制度内涵，弄清记录系统的具体记录对象、记录内容、处理措施和信息管理，在此基础上总结美国经验的四个特点，即系统建立的法制化、系统管理的动态化、信息的公开化和系统作用的常态化。

五是科研不端行为案件相关人员的程序性权利保护。对科研不端行为当事人程序性权利的保护，包括参与权、知情权、申诉权、隐私权、表达权和监督权等，让科学家不再被动等待裁判结果，而是有尊严地、富有意义地参与到科研不端行为的查处过程中。

二　研究框架

本书的内容一共由以下七个部分组成。

（一）绪论

绪论部分主要介绍科研不端行为查处程序研究问题的提出、选题的背景以及本论文的研究目的和意义，简要介绍本书的研究对象、主要研究内容、研究框架思路、拟采用的研究方法和主要创新点。在对以“科研不端行为”为主题的研究文献调研的基础上，对已有研究成果进行分类和概括，分析了国内外在“科研不端行为”相关领域的研究现状，从公共治理的视角审视了科研不端行为查处的实践困境，提出了有待深入系统研究的十个重要问题。

（二）科研不端行为查处的程序、理论基础和适用性分析

本部分介绍了涉及科研不端行为查处的正义理论、程序正义理论、程序价值理论和尊严价值理论，以程序正义理论为核心的分析工具，以尊严价值理论为程序正义的道德意义，论述了程序正义理论对于科研不端行为查处的适用性，阐明了程序正义理论与科研不端行为查处程序优化的逻辑统一关系，程序正义是科研不端行为查处程序优化的价值导向、评价标准和重要保障。

（三）科研不端行为的调查程序研究

以科研不端行为调查程序的发生先后为序，分别对举报和受理程序、初步核实程序、正式调查程序和临时性行政措施等阶段性程序进行了分析，既肯定了国内现有查处制度文本中科研不端行为调查程序所具有的特色和优势，同时也指出了国内有关查处制度文本存在的有待改进之处。

从各个程序的执行主体、主要工作内容和权利保护出发，探讨调查程序中的程序正义。

（四）科研不端行为的处理程序研究

从科研不端行为评估认定和处理决定的形成程序出发，考察了科研不端行为处理过程的几个主要阶段性程序，大致涵盖了处理决定的形成程序、申诉救济程序、处理结果的披露程序、处理措施的衔接程序、美国的自愿排除和解程序和美国科研不端行为记录系统研究等，从各个程序的执行主体、主要工作内容和权利保护出发，探讨处理程序中的程序正义。

（五）基于程序正义理论的科研不端行为查处案例分析

通过对近年来正反两个典型案例的剖析从实际操作层面分析科研不端行为查处程序所存在的问题，探讨科研不端行为案件查处制度中程序规范存在的主要漏洞和弊端，通过查处案例的剖析来发现科研不端行为查处程序设计方面的缺陷，以弥补科研管理部门主动查找却未能发现的体制机制问题，为下一步构建符合程序正义的科研不端行为查处程序积累了经验、创造了条件。

（六）科研不端行为查处程序制度的构建

通过对现有科研不端行为查处程序的进行归纳和梳理分析，总结了科研不端行为查处程序中尚存在诸多不符合程序正义的方面，在此基础上，提出了我国科研不端行为查处程序建设的重点内容和需要解决的程序衔接机制，从而为我国未来查处科研不端行为的程序规范化建设提供程序参考。

（七）研究结论与展望

通过对本书的论述进行总结和展望，一方面，可以归纳本书提出的核心观点；另一方面，明确本研究的局限和不足之处，指出本研究中尚未解决的问题。通过展望本课题未来研究的重点，为后续开展深入研究指明了努力方向。

第四节 研究的主要方法

一 本书的主要研究方法

本书拟从制度构建层面探讨程序正义视角下的科研不端行为查处阶段性程序，在研究方法的选择上，从理论研究和案例分析双重角度对科研不端行为的查处程序进行研究。本书主要通过综合运用多学科交叉研究、比较分析研究、文本分析研究、案例研究、实证研究和逻辑推理等研究方法，全方位、多角度、多层面考量具有程序正义性的科研不端行为查处程序制度。

（一）多学科交叉分析法

本书的研究对象是科研不端行为的查处程序，对于科研不端行为的研究涉及科技哲学、科学社会学等学科领域，对于科研不端行为的查处程序涉及法学、管理学、伦理学、政治学等多学科知识，以程序正义为视角，在正义理论基础上分析研究科研不端行为的查处程序，通过对国内外主要科研管理部门科研不端行为查处程序制度文本的分析，综合运用法学、管理学、伦理学、政治学等多学科理论，探讨科研不端行为查处程序正义的基本要素，从而形成制度层面的符合程序正义的科研不端行为查处程序。

（二）比较分析法

科研不端行为是全球性问题，世界各国都有，不同时期、不同国家会采取不同的应对方法，在科研不端行为的查处程序设计上也必然存在差异。科研不端行为查处程序的研究可以进行国际比较，通过比较研究可以帮助我们更好地认识事物的本质，把握其中的规律。相比较而言，国内对科研不端行为的关注较晚，对相关问题研究的深度不够，许多查处制度构建还在不断完善之中，需要通过对国内外科研不端行为查处程序的进行比较分析，才能更好地从国外科研不端查处程序中发现值得借鉴的特色做法，为构建我国科研不端行为查处正义程序提供有益的参考或启示。

（三）文本分析法

目前尚未发现科研不端行为查处程序研究的著作，将科研不端行为的查处作为研究对象的有关研究也较少，取得的相关研究成果也非常有限，因此在极其有限的可供参考的资料中，国内外主要科技管理部门和科研不端行为监管机构颁布的制度文本就显得非常具有研究价值。因而，本书重点关注了世界上科研不端行为治理最有代表性的国家，对其主要科研监管机构的制度文本进行了深入分析，通过文本分析研究，找出不同制度文本所体现的共性和差异，逐步理清各种制度文本所蕴含的政策思路，进而提出构建程序正义的科研不端行为查处程序设想。

（四）案例分析法

科研不端行为查处程序研究需要理论与实践相结合，在理论上查处程序要符合程序正义，在实践上查处程序要充分体现有关各方的利益得到保护，一套实体规范、程序正义的查处阶段性程序，最终的价值是体现为能够解决具体的科研不端行为事件，因此案例分析对于从实践中分析程序正义具有非常重要的意义。深入分析近年来科研不端行为查处实践中的正反两方面的典型案例，有助于更加直观、形象地展现科研不端行为的查处过程；有助于探索科研不端行为查处各个阶段的关键程序；有助于更好地理解科研不端行为查处各阶段性程序的价值，为进一步完善相关制度提供现实依据。

（五）逻辑推理法

逻辑推理法是哲学、法学、政治学研究中的常见方法，这一方法在科研不端行为的查处程序研究中具有重要意义。科研不端行为的查处制度建设是国家治理体系、科技管理体系和科研管理体系的重要组成部分，科研不端行为查处程序制度必须符合国家现行的有关法律法规、规章制度，与我国现有的国家治理制度、科技管理制度和科研管理制度形成内在的逻辑，避免出现制度的冲突。此外，作为科研不端行为的查处程序制度，既要体现程序正义，也要使程序具有现实可操作性。

（六）系统分析法

科研不端行为的查处程序是一个十分复杂的系统，主要是由调查和处理这两个基本部分组成的，在这两部分之间，通过调查结论的认定和处理建议连接起来，实现系统的运行，其程序系统的运行状况对科研不端的治理具有重要意义。本书运用系统分析法对科研不端行为查处程序系统进行整体研究，并对科研不端行为查处过程中相对独立的阶段性程序进行研究，分析查处环节中的程序正义要素，在此基础上对其进行哲学反思，探讨建立一套既能体现程序正义，又具有实际可操作性的查处程序。

（七）文献分析法

广泛搜集整理和分析研究与科研不端相关的文献是开展本研究的必要前提，本书搜集了国际上治理科研不端行为最有代表性的国家所颁发的查处规范，梳理了国内颁布的与科研不端相关的法律法规政策文件，特别是对国内外主要科研资助管理机构制定的科研不端行为查处制度文本进行了系统梳理和深度解析，以及对国内外已有科研不端相关问题的研究成果进行梳理和深入分析，通过文献分析研究，试图厘清科研不端行为查处程序的基本要素，进而提出构建一套符合程序正义的科研不端行为查处程序规范。

二　本书的主要创新点

（一）研究内容的创新

从笔者目前收集到的资料来看，对科研不端行为的查处程序进行系统研究，尚付阙如，本书体现了研究内容方面的创新。科研不端行为的查处工作是科研不端行为治理的重中之重，从研究内容来看属于探索性和原创性的研究，是本体论的具体应用，研究成果对科研不端行为查处程序的制度设计具有实质性的帮助，具有重要的现实意义和实用价值。

本书对美国自愿排除和解协议的内涵、特点进行了系统的研究。通过对美国惩处科研不端行为的协商机制进行深入考察和调研分析，系统地梳理和总结了自愿协议模式的运行机制，通过对自愿排除和解协议进行文本分析研究和实践考察，归纳出两种主要模式和运行机制，即自愿排除协议和自愿和解协议模式，并对两种模式的异同点进行了比较分析，从而形成科研不端行为惩处协商机制的完整图景。

对美国科研不端行为信息记录系统的内涵、运行机制进行了系统的研究。对美国科研不端案件信息记录、档案管理机制进行了考察分析，通过系统的研究，抽象出科研不端行为记录系统的制度内涵，总结出科研不端行为信息记录体系的运行机制，提出了科研不端行为记录信息的采集、管理、使用和维护机制，扩展了科研不端档案信息资源的价值，为我国科研不端行为记录系统的建立提供了重要启示和经验借鉴。

（二）研究视角的创新

通过对国内外有关科研不端行为研究成果的梳理，笔者发现将科研不端行为查处程序作为研究对象所形成的学术成果非常有限，目前尚未发现以程序正义为视角来研究科研不端行为的查处程序，因此探讨构建符合程序正义的科研不端行为查处程序，体现了本书研究视角独特、立意新颖，此为研究视角方面的创新。本书提出了科研不端行为查处要遵循程序正义的原则，属于探索性的研究，研究成果对修订和完善现行的科研不端行为查处程序制度具有重要的理论意义，对改进科研不端行为的查处实践具有现实意义和应用价值。

（三）研究方法的创新

通过对科研不端相关研究文献的搜集和梳理，可以看出国内有关科研不端行为的研究，大都是从某一方面去研究，缺乏系统的研究分析。科研不端行为的查处程序是一个十分复杂的系统，其运行状况对科研不端行为的治理具有重要意义。本书运用系统分析法，将科研不端行为的完整查处程序系统作为研究对象，从系统的角度去分析整个查处程序系统，对科研不端行为查处程序系统的要素进行研究，分析科研不端行为阶段性查处程序中蕴含的程序正义要素。可在系统分析的基础上，探讨构建一套能够体现程序正义的查处程序制度。

本书运用案例分析法，将科研不端行为查处程序的理论研究与案例分析紧密结合，通过对查处的科研不端行为典型案例进行剖析，从实践操作层面考察科研不端行为查处的阶段性程序，通过案例分析，让我们更加直观、形象地看到科研不端行为的查处过程，特别是科研不端行为查处程序中的关键环节；让我们更好地理解科研不端行为阶段性查处程序中蕴含的程序正义要素、承载的正义价值，为进一步完善科研不端行为查处程序制度提供实践依据。在典型案例分析的基础上，提出了案件举报受理的联动机制、案件调查的协作机制、惩处措施的衔接机制，纠纷解决的协议机制和记录信息的动态维护机制。同时，分析科研不端行为查处的典型案例，对国内科研不端行为查处程序制度建设进行了动态考察，指出了需要改进和完善的方面。

第二章　科研不端行为查处的程序、理论基础及适用性分析

本章主要包括三个方面内容，首先是对科研不端行为概念的界定、查处制度和查处程序的分析介绍等；其次是阐述科研不端行为查处的理论基础，以正义理论为逻辑起点，以程序正义理论为核心的分析工具，以尊严价值理论为程序正义的道德意义；最后是论述程序正义理论与科研不端行为查处的适用性，深入浅出地阐明程序正义理论与科研不端行为查处程序优化具有逻辑上的一致性关系，提出程序正义是科研不端行为查处程序优化的价值导向、评价标准和重要保障。

第一节　科研不端行为的界定和查处程序

本部分首先是通过对科研不端行为的概念界定进行分析，从不同的学科理论视角对科研不端行为进行界定本身就存在很大差异，再加上作为一种学术异化现象的科研不端行为，自身一直不断地发生演变，表现出了明确的时代性、渐进性、层次性和实践性，有必要对科研不端行为的基本内涵进行区分，这也是分析和探讨科研不端行为查处的逻辑起点和基本前提。其次是分析国内主要科研不端行为处理制度文本及特征。最后是分析科研不端行为查处的阶段性程序划分：举报受理、立案调查程序、处理程序、处理决定签发和送达、申诉救济等。

一 科研不端行为的界定

伴随着科学研究活动中的舞弊、欺骗和造假行为的频繁发生，理论界和实务界开始了对科研不端行为查处机制的研究。在整个科研不端行为治理体系的研究中，其概念的界定既是对科研不端行为事实认定的理论基础，也是科研不端行为治理的逻辑起点和基本前提。本部分内容主要阐述科研不端行为的基本内涵，科研不端行为包括不端行为的内容、侵害对象和行为造成的影响等，通过对国内外主要科研管理部门查处制度文本的考察，尤其是对科研不端行为概念界定的动态考察，试图从科研不端行为的概念、类型、判定规则和治理政策的演变来分析科研不端行为定义的演进。

虽然国内学术界对“科研不端行为”这一概念的表述不一，但是总体来说也算是大同小异，从科研管理的视角来看，常见的几种表述方式有“科研不端行为”“学术不端行为”“科学不端行为”“科学家的不端行为”“研究不端行为”“科研不诚信行为”“研究不当行为”“科学造假行为”“学术越轨行为”“学术造假行为”“学术腐败行为”等，从概念表述的多样性可以看出其内涵的丰富性和复杂性，为了研究的方便，以及对相关制度作对比研究的需要，本书统一使用“科研不端行为”或“学术不端行为”，当涉及科研管理部门具体的查处制度文本时，也尽可能使用文本中原有的概念表述，以示尊重原意。本书在涉及科研不端行为被举报人所在的研究单位时，常常根据不同的管理制度文本提法的差异，分别使用“依托单位”“研究机构”“依托机构”“受助机构”“科研单位”“研究单位”等。本书中使用的“科研不端行为当事人”“科研不端行为被举报人”“科研不端行为嫌疑人”等，均指科研不端行为的指控对象。

科研不端行为的界定是科研不端行为研究的一个重要基础和理论前提，国内学术界对其一直存在争议，难以达成共识，至今尚未形成从国家层面统一的科研不端行为定义，因为人们处于不同的时期、站在不同的视角就有不同的界定，不同的语境对科研不端行为的解释也各有侧重，体现出不同的内涵和外延。从国际上来看，学术界对科研不端行为的界定模式不同，主要分为两种定义模式：一种是狭义的界定模式，即“在立项、实施、评审或报告研究结果等活动中伪造（Fabrication）、篡改（Falsification）或抄袭（Plagiarism）”，简称 FFP 模式；另一种是广义的界定模式，即基于 FFP 的列举加扩展模式。国内学者对科研不端行为的界定是采取宽泛的概念表述，从最广义的角度来界定，其观点大体可以分为三种：第一种可以称为“规范论”，是把科研不端行为认定为对学术诚信的违反，对学术共同体公认学术规范的背离，侧重于违反学术规范行为。比如刘秋华认为科研不端行为从实质上说是一种违反科研规范的越轨行为，沈海燕、黄奇提出科研不端行为是对公认学术规范的背离和违反。第二种可以称为“道德论”，是把科研不端行为认定为学术不道德行为，也有人说成是学术腐败行为，侧重于违反学术道德行为或者违反刑法制度中涉及学术权力交易的学术腐败。比如刘长秋认为，科研不端，又称学术不端或学术腐败，是指科研人员和科学共同体的同行专家在科研活动中有意违反科研道德和科研规范的不端行为。姚利民认为科研不端行为是指科研人员在科研活动中，有意违反学术道德和学术规范的不道德行为和欺骗行为。第三种可以称为“阶段论”，是把科研行为划分为不同阶段，目前通常认为，科研不端行为是在科学研究的社会化活动中，为了取得个人或者群体的利益，而违反科学共同体价值观念和行为准则的行为，包括科研项目申报立项过程中的弄虚作假行为；科研项目实施和执行过程中，伪造和篡改实验数据、研究结果，违反科研经费使用和管理规定等行为；科研项目结题过程中的弄虚作假，与结题同行评审专家私下接触“打招呼”等行为。通过以上分析可以看出，广义的界定模式不仅包括了科研不端行为的基本属性，还扩展到科研活动之外的非科研行为，也就是说，除了涉及开展科研活动本身的弄虚作假，还涉及科研经费的滥用，可以说，广义的科研不端行为是包括科研腐败行为的。

从狭义的科研不端行为来看，国内外学者的观点大体一致，即采用列举加扩展模式，比如国内的学者通常认为，科研不端行为主要是指伪造、篡改、抄袭、剽窃、不当署名、一稿多投、不当引用、代写论文、买卖论文、泄密、捏造实验数据、虚列学术成果、侵吞他人学术成果、夸大个人学术成就、恶意诋毁他人学术成果、侵犯知情权和隐私权等。从实际发生的学术不端行为案件来看，国内许多学术不端行为表现出两个截然不同的学科特点，对于人文社会科学研究领域的学术不端行为较多的表现为文字抄袭或观点剽窃，对于自然科学研究领域的学术不端行为较多的表现为实验记录的伪造或实验数据的篡改。当然，在社会科学的研究方面，也存在调查数据的捏造问题；同样，自然科学的研究也可能出现剽窃实验数据、抢发论文等学术不端行为。笔者认为，当前对科研不端行为的界定宜采用列举加扩展模式，既包括科研活动中种种显性的弄虚作假行为，如伪造、篡改、抄袭、剽窃、不当署名、一稿多投、不当引用、代写论文、买卖论文、泄密、捏造实验数据、虚列学术成果等，也应当包括违反科学共同体公认的学术规范行为，如同行评审造假等。

此外，从国外的情况来看，美国作为世界上科技政策和科技管理体制最为完善的国家，对科研不端行为的界定也经历了一个不断演化的过程，从1989年美国卫生部发布的第一个正式的“科学不端行为”定义，到2000年美国联邦科学技术政策办公室（OSTP：Office of Science and Technology Policy）再次颁布“研究不端行为”的定义，并在全国范围统一了定义，结束了长达十多年的争论，从措辞上看，用“研究不端行为”替代了“科学不端行为”，虽是一词之差，但内涵发生了深刻的变化，一是删去了原卫生部之前定义中的“其他严重背离学术共同体所普遍接受的规则”，通过删除查处实践中缺乏可操作性的“兜底性条款”，增强了定义的明确性，避免了由于定义的模糊和理解上的差异所造成的打击科研不端行为实际操作上的困难；二是采取列举式的定义，并对“伪造、篡改、剽窃”三种主要科研不端行为进行了解释说明，使定义更加清晰；三是建立了研究不端行为调查结论的判断依据，对号入座，避免误伤；四是对概念本身的措辞进行了调整，用“研究不端行为”替换“科学不端行为”，使概念的外延得到了拓宽。通过考察美国对科研不端行为的定义演进，可以看出新的界定舍弃了模棱两可的“其他违背普遍规则的行为”，无疑是缩小了科研不端行为的范围，表面看来，减少了查处和打击的对象，换个角度看，提升了治理科研不端行为实践的精准性、规范性和可操作性，为科研不端行为治理制度建设奠定了坚实的基础。

二 科研不端行为的查处制度分析

明确的科研不端行为定义是判定是否存在科研不端行为的根本依据，是开展查处工作的基本遵循，而考察和分析国内外科研不端行为查处制度文本，是弄清现有查处程序的内在逻辑和价值的基本途径，也是了解程序制度设计理念和存在问题的基本方法。本部分内容拟以国内外几个主要科研不端行为治理制度文本为研究对象，探讨不同制度文本中查处程序的主要内容、逻辑结构、基本特征和存在的主要问题。

（一）国内科研不端行为治理制度及特征

国内规制科研不端行为的法规政策体系是由法律、行政法规和部门规章三个层次的政策制度构成，第一层次的是法律，如《中华人民共和国科技进步法》；第二层次的是行政法规，如《国家自然科学基金条例》；第三层次的是由国务院有关部委制定的部门规章，也可以是由多个部委联合颁布，如科技部制定的《国家科技计划实施中科研不端行为处理办法（试行）》。法律和行政法规在整个制度体系中属于顶层权威设计和总体统筹安排，各部委的部门规章则是体现针对各自监管对象制定的具体执行制度，更加突出针对性、实践性、可操作性。

国内科研不端行为的具体治理制度主要是由国家科研资助机构颁布，是对所资助项目的管理设计，因此具有明确的适用范围和对象、具体的研究行为、系统的管理措施。随着国家对科技项目计划的投入增长，科研资助呈现出结构层级化、主体多元化、形式多样化、管理常态化等特征，其中国家层面的科研资助主体主要有两种类型：一种是借鉴国际成功经验，由国家层面特别设立的一个独立的、专门的科研资助主体，如国家自然科学基金委；另一种是国家部委及其下设司局等科研资助主体，如科技部、教育部、卫健委、中国科学院等。除中央财政性经费资助外，还有大量的地方财政性经费资助。由于科研资助的主体、资助的范围和对象、资助的重点、资助的关系存在较大的差异，科研资助机构的管理模式和理念各不相同，制定的科研不端行为查处制度也各种各样、各具特色，通过对国内外主要的查处制度文本的分析和比较，可以从中看到科研不端行为制度的基本内核。

早在 1961 年，国内就颁布第一个涉及科研工作者行为规范的规章制度，距今已有半个多世纪，由中国科学院和国家科委提出，以中共中央文件形式下发了《中共中央关于自然科学工作中若干政策问题的批示（一九六一年七月十九日）》。此后，随着国内科学研究事业的蓬勃发展，对科研资源的竞争越来越激烈，相应地，科研不端行为事件呈现愈演愈烈之势，国家层面也在不断完善科研不端行为治理制度体系，迄今为止，已经初步形成了以法律和行政法规为统领，以部门规章制度为主体的制度体系，基本覆盖了国家层面的科研不端行为监管领域。但是，从内容方面来看，这些规范体系大多数侧重于科学工作者的道德规范和学术规范，真正涉及对科研不端行为的调查和处理实施办法的仅有三部。从政策制度的出台不难看出，国内科研不端行为治理的重点工作是科学道德规范教育，而对科研不端行为事件的调查处理是“被忽略的环节”。从某种意义上说，教育预防对促进科研诚信的确具有更根本的意义，但是面对国内现实的科研环境，忽视对科研不端行为事件的查处，使科研不端行为当事人从弄虚作假中获得利益而得不到应有的惩处，只会进一步恶化学术生态环境，阻碍国家科技创新战略的实现。

1999 年 11 月，科技部、教育部、中国科学院、中国工程院和中国科协等共同发布了《关于科技工作者行为准则的若干意见》（以下简称《意见》）。《意见》主要包括科学精神、科学态度、职业道德、不良行为等内容，对规范科技工作者的行为具有积极的意义。《意见》明确提出了对于科技工作者出现不良行为的处理措施，依据事件调查结论并视情节轻重，可以实施三种处罚：一是提醒性处罚，如批评教育、责令整改；二是实质性处罚，如撤销项目、追回科研经费、行政处分、取消相应资格和职务、职称及荣誉称号等；三是法律性处罚，如果触犯了法律，要依法追究当事人的法律责任。总体而言，《意见》的内容属于对科技工作者的倡导性行为规范，体现了五部委的科学道德共识和科学共同体共同倡导的道德行为自律，也为五部门制定自身的科研不端行为治理制度奠定了基础。但是缺乏对科研不端行为的界定以及调查处理的程序，面对科研不端行为事件的调查处理实践，显然无法应对。

2005 年 3 月，国家自然科学基金委员会监督委员会正式颁布了《国家自然科学基金委员会监督委员会对科学基金资助工作中不端行为的处理办法（试行）》［以下简称《处理办法（试行）》］。《处理办法（试行）》是由六个部分内容构成，除了总则和附则以外、主体部分主要涉及调查处理工作规范，具体涵盖了处理种类、处理规则、处理细则、处理程序四个方面，它是国内第一个针对科研不端行为专门制定的处理办法，内容相对来说比较完善，具有一定的可操作性。但是该《处理办法（试行）》也存在一些不足之处，没有设计一套具体细化的查处“操作规程”，涵盖科研不端行为的举报受理、调查认定、行政处罚和申诉救济等阶段性程序，对调查处理程序中的主体、对象、内容、方式和完成时限安排不够明确，职责分工和监督制约机制不完善，影响查处工作的效率和办案质量。

2006 年 11 月 7 日，科技部颁布了一个专门应对科研不端行为的规章——《国家科技计划实施中科研不端行为处理办法（试行）》［以下简称《处理办法（试行）》］。《处理办法（试行）》由六个部分内容构成，除了总则和附则以外、主体部分主要涉及调查和处理机构、处罚措施、处理程序、申诉和复查等，自 2007 年 1 月 1 日起施行。该《处理办法（试行）》第一次明确提出我国在科技部设立科研诚信建设办公室，负责科技部科研诚信建设的日常工作，同时，为保证《处理办法（试行）》得以有效实施，科技部还建立了查处科技计划实施中科研不端行为的机构和机制，包括建立科研诚信建设部门联席会议制度、建立科技部集中受理和分工协作的内部工作机制、成立专家咨询委员会、建立与部门、地方共同实施的工作机制。《处理办法（试行）》的“处罚措施”部分明确了科研不端行为的处理类型，按照不同的实施主体，从项目承担单位、项目主持机关和科学技术部三个不同层面对科研不端行为人实施处罚；“处罚程序”部分明确提出科研不端案件调查机构要成立专家组进行调查，并且为了防止利益冲突，执行回避机制；“申诉和复查”部分明确了被举报人和举报人对处理结果有异议的，拥有相同的程序权利，可以依照程序提出申诉。通过以上分析可以看出，程序设计体现了维护当事人的部分程序性权利，总体来看比较难得。但是也存在一些问题，比如，对“处罚措施”进行了划分，在实践中可能会出现三种不同层面同时采取相同的处罚措施，如何从程序上避免处罚重复的问题，却没有明确，为实际操作带来难题。

2007 年 2 月，中国科学院发布了《关于加强科研行为规范建设的意见》(以下简称《意见》)。该重点内容是加强科研行为规范建设、明确防治科学不端行为是加强学术环境建设的重要内容，《意见》中的“防治科学不端行为”部分，第一次明确提出采取伦理教育和法律治理的手段，实现“防”与“治”相结合，共同应对科学不端行为，旗帜鲜明地表达了惩防并举、注重预防的治理理念。其中“加强领导健全组织”部分，明确提出建立科研道德委员会，并在院属机构设立科研道德组织，健全了组织机制，便于上下联动共同开展科学不端行为的治理工作。2016 年 3 月，中国科学院发布了《中国科学院对科研不端行为的调查处理暂行办法》(以下简称《暂行办法》)。《暂行办法》由总则、投诉举报及受理、调查机构、调查程序、处理与处分、申诉及复查、其他规定和附则等八个部分内容组成，《暂行办法》可以看作是对《意见》的补充，一方面对调查处理程序进行了完善，规定了调查和处理各个程序中的完成期限；另一方面对处理和处分措施进行了分类，规定了从轻从重的考量因素，增强了查处实践中的可操作性。

2009 年 3 月，教育部颁布了《教育部关于严肃处理高等学校学术不端行为的通知》(以下简称《通知》)。《通知》主要包括九条内容，涵盖了概念界定、查处原则、工作机构、查处要求、教育宣传等方面，对指导高等学校开展学术不端行为治理具有积极的指导意义，虽然内容比较笼统，但是就高等学校而言，毕竟也有了一个开展查处工作的重要依据。随着近年来高校治理学术不端行为的形势的变化，教育部对原有内容进行了修订完善，并将其提升为部门规章，凸显其法律地位，期待着能够在治理高等学校学术不端行为的实践中发挥更大的作用。2016 年 6 月，教育部在对《通知》进行修订的基础上，发布了第 40 号令——《高等学校预防与处理学术不端行为办法》（以下简称《办法》）。《办法》是指导和规范高校实施学术不端行为管理的重要规章，由总则、教育与预防、受理与调查、认定、处理、复核、监督和附则八个部分内容组成，自 2016 年 9 月 1 日起施行。各高等学校要依据《办法》，结合学校和学科的具体实际，制定更加详细的学术不端行为预防和查处办法，细化查处的阶段性程序。总体来说，《办法》对指导当前和今后一段时间高等学校查处学术不端行为具有重要意义。

通过以上对国内几个主要查处制度文本的梳理和分析，可以看出三个主要特征。第一，科研不端行为的查处制度采用的是分散立法模式，科研资助的多元化造成了管理的部门化，制度设计出现条块分割，各管一方，管理范围仅仅局限于单位自身业务对象，如教育部只管高等学校的学术不端行为，科技部、国家自然科学基金委只管各自所资助的科研项目，中国科协只管所属的会员。第二，科研不端行为的界定、制度设计与适用对象匹配，如科技部、国家自然科学基金委将科研活动中的违规行为称为科研不端行为，教育部将其称为学术不端行为，中国科学院将其称为科学不端行为。第三，科研不端行为治理制度设计与国家科研管理部门的职能定位密切相关，如科技部、教育部是国家的行政机关，国家自然科学基金委和中国科学院是国务院直属事业单位，中国科协是科技工作者的群众组织。

通过对国内科研资助机构对科研不端行为制度文本的分析来看，国内科研管理机构的查处制度有诸多不完善的方面，明显的缺陷表现在科研不端行为的界定上，对相关概念的界定大多体现在经验体会层面，缺乏系统的剖析，未从科研管理的政策操作层面去考察。各科研资助机构从自身管理工作实际出发，导致界定的内容和方式都不统一，有的采取列举式，有的采取列举加概括式定义，总体来说，普遍存在内涵的范畴不清、定义的范围模糊和理解的潜在差异等问题，给系统的调查处理程序制度设计带来难题，可操作性不强给科研不端行为的治理实践带来困境和挑战，造成大量的内耗和资源浪费。由此可见，提高科研不端行为治理能力和治理水平的现代化，应当从建立全国统一的科研不端行为定义开始。

（二）国外科研不端行为治理制度及特征

毫无疑问，美国是当今世界上科研不端行为治理体系最为完善、取得成效最为显著的国家之一，本书将美国的科研不端行为治理制度文本作为重点考察对象。通过对美国相关制度的梳理可以看出，科研不端行为的定义有三个基本点被广泛认同，第一，科研不端行为是指在科学研究的过程中发生的，包括项目的申请、计划、实施、评价及研究成果的报告等阶段；第二，科研过程中出现的伪造、篡改、剽窃等不端行为；第三，科研不端行为人存在主观故意，不包括诚实的错误和观点的分歧。在此基础上，各国的科研管理机构、研究机构和团体根据自己的机构性质、职能定位、职责范围、学科领域等进行了适当扩展，总体上使之更加具体、细化，实践中更加易于判断和把握，具有精准性和可操作性。

美国于20世纪七八十年代曝光了多起科研不端事件，是世界上最早公开曝光科研不端行为的国家，并通过设立专门的科研诚信办公室，来加强组织和治理制度建设，也是世界上第一个以国家的名义颁布科研不端行为的界定及治理政策的国家。2000年12月6日美国白宫科技政策办公室颁布了《关于研究不端行为的联邦政策》（以下简称《联邦政策》），《联邦政策》最大的亮点就是在全国范围内统一了研究不端行为的界定，即研究不端行为的“FFP”（Fabrication，Falsification，Plagiarism）分类，将研究不端行为的定义为伪造、篡改、剽窃等普遍认同的类型，易于判断和把握，删除了缺乏可操作性的模糊条款“其他背离科学道德的行为”。《联邦政策》在美国科研不端行为的治理制度中拥有最高地位，是联邦各机构实施研究不端行为治理的基本准则，各联邦机构要依照《联邦政策》制定和修改研究不端行为的相关规定，确保在实施过程中保证政策的一致性。

美国的各个政府部门，如卫生部、交通部、国家科学基金会等联邦机构在《联邦政策》的指引下，修订或制定了本部门的研究不端行为的相关政策，其中国家科学基金会颁布的《美国国家科学基金会关于研究不端的规定》（以下简称《规定》）颇具代表性，《规定》主要是由研究不端行为的定义、主要政策和工作职责、处理措施、受助机构的职责、初步处理、正式调查、未决的申请和资助、临时行政措施、处理程序、申诉十个方面内容构成，《规定》的最大亮点是对科研不端行为的查处程序设计科学、全面、详细、完整、具有可操作性。国家科学基金会是美国重要的科研资助机构，成立了监察长办公室（OIG），机构专门负责研究不端行为的调查和处理，对国家科学基金会资助的研究项目行使监督职责，维护资助项目的研究诚信。

三 科研不端行为的查处程序分析

高校或科研机构是科研不端行为的治理主体，这是各国学术界的基本共识。由于科研不端行为主要发生在高校或科研机构，相应地，高校或科研机构被赋予案件的调查处理职权，享有对本单位发生科研不端行为的调查处理权。虽然高校或科研机构属于事业单位，不是国家行政机关，但也可依法行使某些行政管理职能，对科研不端行为的查处可以看作是高校或科研机构实施的一种特殊的行政行为。既然科研不端行为案件的查处是一种行政行为，那么作为行使行政职权的高校或科研机构，在其权力的行使上就应当符合一定的法律程序，遵循一定的程序性规范。从 20 世纪 90 年代查处的李富斌剽窃事件至今，国内在科研不端行为案件的查处方面已经探索并且走过很长一段路了，本该建立起一套符合法律法规要求、设计严密详尽、具有可操作性、便于执行的标准化、规范化、程序化流程。然而令人遗憾的是，到目前为止，我国还没有一个统一的程序性法律法规制度来规范科研不端行为案件的查处工作，科研不端行为的查处程序不统一、环节还不完善，常常出现因时而异、因地而异、因单位而异、因案件而异等各种情况。

虽然国内科研管理部门尚未明确提出规范化的查处阶段性程序，但从已有科研不端行为处理制度文件中，可以粗略地将科研不端行为的查处程序划分为几个阶段：举报受理、立案调查程序、处理程序、处理决定签发和送达、申诉救济等。笔者查阅国内主要科研不端行为处理制度文件后，对于很多涉及查处程序的问题没有找到答案，比如：通过什么程序组织什么样的专家进行调查/审议？全部是外单位的还是本单位的？如果外单位的和本单位的专家都有，那么比例如何确定？选择专家的标准是什么？人数是多少？专业构成有什么要求？调查/审议的过程如何进行？调查程序是否需要公开？是否需要监督？调查的过程中是否需要当事人参与、是否听取当事人的陈述？处理决定形成程序是什么？被举报人如何进行申诉救济？调查结果通过何种程序公布等一系列问题，在现有的文件里都没有作出明确规定。

从行政权力的行使角度来看，科研不端行为的查处程序可以适用的是行政处罚程序中的一般程序，按照一般程序的要求，行政处罚的步骤依次由立案、调查、处理和结案四个阶段的程序组成，具体包括查处的方式、环节、顺序和期限等方面具体内容。立案是行政机关决定是否按照行政处罚一般程序和条件实施调查取证的一种行政活动。在科研不端行为案件中，立案是查处的前置性环节，需要具备一定的条件，依照一定的程序，科研管理机构按照职责与分工规定，对属于其管辖范围内的案件，受理登记举报材料及线索，对举报内容初步审核确定具有科研不端行为事实，需要追究责任的行为应当予以立案，并及时告知相关单位及当事人。

调查是科研管理机构履行法定义务组织开展案件调查认定，负责对受理的科研不端行为举报事实进行调查核实，属于科研不端行为案件查处实践中最实质性、最关键的程序。科研不端行为调查程序要着力抓好以下三方面工作：①科研不端行为案件举报所述的违规事实：时间、地点、原因、条件、手段、性质、违规的情节及后果等。②被调查人的有关情况：基本状况、学术地位、科研项目资助情况、一贯表现、认错态度。③证据材料：论文论著原件、书证、物证、视听资料、证人证言、当事人陈述、实验记录、鉴定结果、勘验笔录、电子邮件、新闻报道的视频资料及网址（文字稿）等。

处理是科研不端行为案件查处实践中最核心的程序，是指案件调查工作结束以后，科研管理机构在收到调查报告后，对案件调查获取的违规事实评估审核、对违规的相关证据审查的基础上、以事实为根据、按照现行法律法规规章制度的要求、对案件当事人作出处理决定并实施惩戒的活动。科研不端行为案件处理工作要抓住以下三个核心环节：①告知：科研管理机构在作出处理决定前，应当及时主动告知当事人制作处理决定的事实、理由及依据，并告当事人获取救济的途径、程序及时间要求。②听证：是指科研管理机构在作出有关决定之前听取当事人的陈述、申辩、质证的程序。当事人在法定期限内提出申请，科研管理机构须启动听证程序。③处理：经过严密的调查程序后，出现以下三种情况应采取相应的处理措施，一是对于调查发现证据不足或情节轻微的，不构成科研不端行为的，即进行销案。二是对于存在科研不端行为应当给予惩处的，提出处理决定，通知当事人查处结果和处理决定，处理结果有必要曝光宣传的要进行通报或公开，处理决定形成以后，当事人无异议的，其所在单位要严格按照程序执行，确保处理决定落实到位。三是对于情节严重、涉嫌犯罪、需要追究刑事责任的，及时移送司法机关，如出现科研经费滥用问题。

结案在科研不端行为案件中，是指本案已经实际执行完毕或者其他依法依规作结案处理的情况，是整个查处程序中的最后工作阶段。一般是指案件调查和处理等关键环节的工作结束以后，对已经办结的案件进行档案资料的收集整理归类存档，主要是对科研不端行为举报受理、立案调查、调查过程和处理过程的真实记录，包括对科研不端行为人的个人信息、不端行为的类型、不端行为的调查报告及对当事人处罚措施的记录，包括当事人的陈述申辩、申诉救济情况等，是科研不端行为案件查处的原始资料，也是科研不端行为实际发生的法律证据。

第二节 科研不端行为查处的理论基础

正义是人类文明最重要的标志之一，它是人类生存和发展过程中努力追求的社会理想，人类对正义话题的讨论从未停止，贯穿着整个人类思想史，从古希腊到现代社会，许多哲学家都探讨过正义问题。从柏拉图、亚里士多德，到洛克、休谟、康德，再到1971年美国学者罗尔斯提出“程序正义”，可以说“正义”问题与人类文明史是相伴相随的。1971年以来的近半个世纪的时间，程序正义理论从产生到争议再到逐步完善直至成为法治思想的核心理念，显示出了程序正义理论的巨大理论价值。无论是在西方的司法领域还是在公共治理实践中，程序正义理论都得到了广泛运用，它在实现案件公正、充分发挥司法公正以及对社会公正的引领等方面均发挥了重要的作用，其积极影响日益广泛。科研不端行为的查处也应当借鉴程序正义相关理论，确保查处程序符合程序正义原则。本节内容主要介绍与科研不端行为的查处有关的理论，从哲学中正义理论、法学中程序正义理论和程序价值理论、社会学中人的尊严价值理论等角度，进一步分析科研不端行为查处的理论基础。

一 正义理论

在现代汉语里，“正义”与“公正”“正当”同义，意思是符合一定社会道德规范的行为。正义与公平、公道、正直、正当等词义紧密相连，多数场合两个概念可以交互通用，但两者也存在一定的细微差别，从某种意义上说，“正义”侧重于哲学价值观层面的“应然”之事，而“公正”侧重于社会制度安排层面的问题，把“应然”和“实然”结合在一起的意思，也就是说把“理想”和“现实”融为一体。在西方国家的语言中，“正义”一词有公正、公平、正直、权利等多种含义。在英文中，“justice”具有正义、正当、公平、公正等意思。古希腊的苏格拉底是最早提出并研究“什么是正义”的哲学家，正因为此，苏格拉底的哲学被后人称之为“伦理哲学”。他为哲学研究开创了一个新的领域，在哲学史上具有伟大的意义。在西方思想史上，古希腊著名哲学家苏格拉底和他的学生柏拉图及柏拉图的学生亚里士多德，被并称为“希腊三贤”。苏格拉底通过与人交流思想、辩论问题，引导人们去追求正义，通过个人自制伦理的方式获取正义，以法的方式维护正义。柏拉图提出了“正义是至善”的正义观。亚里士多德提出正义作为一种德性，既是一切德性的总汇，合法即正义；又表现出与其他伦理德性不同，平等即正义。休谟提出公共福利乃正义的唯一源泉等。总体来看，大多数哲学家、思想家能够形成共识：公平即正义。

罗尔斯提出，正义是社会制度的首要价值，在一个充满正义的社会里，由正义所保障的个人权利决不受制于社会利益的权衡。社会正义与否关系到每个人重大的切身利益，正是因为正义具有如此重要的价值，人类对正义的终极追求从来没有停止过，古往今来，许多学者都对此进行了不懈的探索和思考。伴随着人类社会的发展进步，公平正义的价值理念也逐渐成为现代社会的核心价值观。1971 年，罗尔斯出版了《正义论》，把正义上升到一个更高的抽象水平，提出了一种正义观，即“作为公平的正义”。罗尔斯提出的“正义的两个原则”基本倾向就是追求平等。

二　程序正义理论

在现代汉语里，程序是指“办事的先后次序或步骤”，也就是人们常说的办事的流程或操作流程。从法律的角度来说，“程序”是指按照一定的顺序、步骤制作法律决定的过程，程序包括一系列的环节或流程，与“程序”相对应的是“结果”。程序正义理论，最早起源于英国，1215 年英国《大宪章》是关于正当程序或程序正义的最早渊源。英国具有注重法律程序的文化传统，人们相信“正义先于真实”“程序先于权利”，这也体现了英国人具有运用法律程序制约政府权力思想，严格遵守自然正义原则。英国的程序正义思想在美国得到了进一步发展，1791 年美国《宪法》第 5 条明确规定：“未经正当法律程序，不得剥夺任何人的生命、自由或者财产。”这标志着程序正义思想在美国得到了宪法确认和保障，正当程序所表达的价值就是程序正义。自此之后，正当法律程序逐渐成为美国人权保护的一条重要原则。前美国最高法院大法官杰克逊认为："程序的公正、合理是自由的内在本质。"

我国对程序正义问题的研究起步较晚，其中以陈瑞华教授和季卫东教授的研究为代表。季卫东教授认为，程序的自我目的化是随着人类的认知和经验的不断充实而得到完善，而任何程序功能自洽的前提都应该遵守程序正义这一基本原则。笔者认为，程序正义原则可以适用于一切涉及程序的问题。科研不端行为的调查和处理需要一套完整的程序，以程序正义为理论视角去研究科研不端行为查处程序的优化是一种新的思路和尝试，也是将法律原则和查处工作实际相结合运用的途径。

究竟程序正义的基本标准是什么？什么样的程序才算得上是正当程序？一直以来，学者们对程序正义评判标准的观点存在较大差异，如泰勒用"六要素"来作为程序是否具备正当性的判断标准；戈尔丁认为程序公正的判断应当有"九大标准"；萨默斯则提出了程序价值的"十项内容"；贝勒斯从"七个方面"来讨论程序是否符合正当性。事实上，要找到一种普遍适用于一切事物的程序正义标准是很难的。陈瑞华教授认为，我们可以找到一种最低标准的程序正义要求，它们是确保程序正义的必要条件，而不是充分条件。正因为这些程序要求是最低标准的，它才会被人们普遍地接受和采纳。

（一）程序参与性原则

程序参与性原则被誉为程序公正的第一要素，其核心思想是事件当事人有机会参与到那些权益可能受到影响的裁判过程中。参与不是一般地"参加"或"在场"，而是指"自主、自愿、自治地参加"，意味着当事主体作为一个道德主体积极主动地参与到具体的行政行为，促使裁判过程中能够产生自身利益不受损害的裁判结果，同时，作为程序的参与者主动发出影响裁判结果的行为，而不仅仅作为一个客体完全被动地接受外部强加于己的不公正的结果与命运。在科研不端行为查处过程中，被举报人以及其他利益可能受到查处结果影响的主体，作为程序参与者应当有机会参与到调查过程中，并富有意义地参与到查处结论的形成过程，从而发挥积极有效的影响。一般来说，如果被举报人及利益相关者没有被赋予机会参与到查处过程，并向查处人员表达自己的意见、主张，就会产生强烈的不公正感。在科研不端行为的调查处理程序中，作为程序参与者的被举报人具有人格尊严和自主意志，在被查处的整个过程应受到基本的尊重和人道待遇。

（二）程序中立性原则

程序中立性原则和程序对等性原则是两个密切联系的程序公正标准，两个原则的共同点在于都要求对程序参与者一视同仁、平等对待，它们是保障和落实“正义不但要实现，而且要以看得见的形式实现”的重要价值标准，所谓的中立性原则是指裁判者应当对任何一方无偏袒的态度和地位，要求裁判者对所有程序参与者没有偏见与歧视。中立性原则旨在通过排除若干种程序不公正的情况来发挥其程序的内在价值。在科研不端查处程序中，科研不端行为的举报人、被举报人和其他利益相关者都应当受到查处人员的平等对待，调查处理的官员要通过排除各种不公正情况来实现程序正义目标。“正义根植于信赖”。查处人员的预断、偏听偏信和先入为主问题，可能会对结果产生影响，因此，科研不端行为的查处过程中，需要建立完善的回避制度和保密制度，以排除那些与案件存在利益冲突的不利因素。

（三）程序对等性原则

程序对等性原则是指在裁判过程中，各方参与者在地位上对等，能够拥有同等的参与机会，裁判者对各方主体所提供的事实证据、表达的个人主张、提出的申辩意见给予同等的尊重和关注。程序对等性原则是维护公正的重要原则，它确保裁判者合理地抑制个人偏见，并赋予各方主体完全平等的参与机会，使各方参与主体受到公平公正的待遇，避免在证据的获取和评估，以及调查事实的认定方面产生偏见和预断，从而作出不正确的裁判。如果裁判者与某个主体存在利益关系，使其在裁判过程中不能平等对待其他主体，无论最终是否导致裁判结果的错误，或参与主体的实体权益没有得到实现，也无论这种裁判程序是否会产生非正义的结果，它都具有一种内在的不公正性。在科研不端查处程序中，调查处理的裁判者要给予科研不端行为的举报人、被举报人和其他利益相关者同等的参与机会，对其提出的主张、观点和证据要充分尊重，并进行调查核实，认真评估，稳妥作出最后结论，通过排除各种不公正状况来实现程序上和实体上的对等。

（四）程序合理性原则

程序合理性原则是指裁判程序必须符合理性要求，该原则又被称为程序合理性原则，裁判结果必须建立在可靠的事实证据和严密的分析评议基础之上。程序合理性原则有四个具体要求：一是裁判者据以作出裁判的事实必须经过合理的证明；二是在制作裁判结果之前必须进行冷静、详细和适当的评议；三是裁判活动必须以调查和采纳的证据作为依据；四是裁判者应当说明据以制作裁判的根据和理由。科研不端行为的举报人、被举报人和其他利益相关者在查处过程中，作为程序参与者都有权知道查处活动的进展情况、查处结果的内容以及形成查处结果的事实根据和明确理由。"陈述判决理由是公平的精髓""受到判决的人有权知道判决是如何作出的……"。因此，科研不端行为查处裁判者应当在查处结论中附上明确的事实和理由，以便人们检验查处结论的合理性和对查处结论产生信任。

（五）程序及时性原则

程序公正性的价值标准包含程序及时性原则和程序终结性原则，两者密切联系。程序及时性原则是指程序"在过于快速和过于迟缓这两个极端之间的一种中间状态"。在裁判程序的运行过程中，过于急速可能导致程序参与者无法充分和富于意义地参与其中，裁判者缺乏时间去听取各方的主张、评估提出的证据、进行冷静细致的评议，以至于作出错误的裁判结论，损害了程序合理性原则，程序公正性就难以得到保障。同时，裁判程序过于缓慢可能导致证据的流失，证人记忆力减退，案件事实调查更加困难。案件的拖延消耗了裁判资源，对社会公共资源和福利造成伤害，容易产生不公正的裁判结果，程序正义难以得到实现。对于科研不端行为案件而言，要求查处程序应当在受理之后及时开启，并在一定的期限内形成查处结果，程序的及时性原则要求查处活动保持在一个适当及时的限度内，尽量避免过快或过慢产生的不良影响，使各方从心理上接受裁判的合法性和正当性。

（六）程序终结性原则

程序终结性原则是指程序运行得以终结的状态，裁判结论的最终确定。程序终结性原则与程序结果的正确性没有必然联系，程序终结并不意味着裁判者必然得出正确的裁判结论，相反，有时候程序终结阻止了裁判程序的重启，导致了无法纠正错误的裁判结论。程序终结性原则具有一种独立于程序结果的内在价值，它克服了裁判程序的任意启动，使程序的启动和运行符合程序理性的要求，防止有关各方被随意地反复审查。在科研不端案件的调查处理过程中，对科研不端行为的查处不能永远没有终结之时，否则程序就失去了意义。如果科研不端案件的调查处理周期太长，查处程序无限期被重启，被举报人长时间处于待判定的状态，其命运则无休止地处于不确定的地位，明显损害了其利益。因此，程序的终结性是程序公正性、合理性的一个必要条件。

三 程序价值理论

1974 年，美国著名法学家罗伯特·萨默斯首次提出了法律程序具有自身的独立价值，系统地分析论证了程序不仅具有工具性价值，还存在“程序价值”，即程序自身的独立价值。萨默斯认为，人们习惯于通过最终结果的好坏，来评价形成结果的程序是否具有正当性和合理性，对产生结果的程序视而不见，这种透过结果来评价程序本身就缺乏正当性。任何一种结果都是通过一定的程序运作才能得到实现，程序不仅仅是实现结果的工具，程序还有其独立价值的存在。然而，产生好的结果只是程序具有的一个方面价值——工具性价值，除此之外，程序还具有另一个方面价值——独立价值，这种“程序价值”不是通过产生好的结果作为表征，而是通过自身体现出来。简而言之，萨默斯的程序价值理论是指，“结果正义”不是程序唯一的价值标准，除了“结果正义”的标准以外，还存在一种通过程序本身体现出来的价值标准。

萨默斯认为“程序价值”是独立于程序结果而言的，而程序的工具性价值则体现为程序与好结果的产生之间存在一种内在的因果关系。实际上，萨默斯的程序价值理论最大贡献在于向人们说明了参与性、公平性、人道性等早已为人们所熟知的价值是如何充当“程序价值”的。萨默斯提出的程序价值基本内容包括参与性统治、程序正统性、程序和平性、人道性及尊重个人的尊严、个人隐私、协议性、程序公平性、程序合法性、程序理性、程序及时性和终结性等。程序价值与产生好结果之间的关系是怎样的？萨默斯从三个方面对两者的关系进行了阐述：一是“程序价值”可以独立于程序的“好结果”而存在；二是“程序价值”常常与程序的“好结果”具有和谐一致性；三是“程序价值”与程序的“好结果”之间可能会发生冲突。“程序价值”理论是萨默斯理论的核心，它是在正当程序的运行过程中独立实现的价值，它们体现于正当程序本身的设计之中，其正当性由其自身而得到证明，而无须诉诸程序的“好结果”。

四　尊严价值理论

“尊严理论”是由美国法学家杰里·马修于1981年首次提出，马修在《行政性正当程序：对尊严理论的探求》一文中以全新的视角分析论证了美国宪法中的“正当法律程序”原则，他从人的尊严视角探讨法律程序的价值，在程序正义问题研究领域引起了英美法学界的强烈反响。马修肯定了前人们关于行政性正当程序中正当程序所具有独立价值的研究成果，并在此基础上，从维护当事人尊严的角度阐释了行政性正当程序具有独立于裁判结果的意义。马修提出在对行政案件中裁判活动的正当性进行评价时，不仅要考虑实体结论是否具有正义性，还要考虑程序本身对事件参与者的影响，比如参与者的人格尊严是否得以维护，马修将正当程序中“程序的独立价值”称为“尊严价值理论”。

具体到科研不端行为的查处程序中，“尊严价值理论”是指查处程序是否正当，要以当事人的人格尊严是否得到维护、多大程度的维护作为主要的判断标准。这种“程序的独立价值”是以人的基本权利为基础的，如自由、自尊或平等、独立等不同的价值要素，而这些价值能否实现则取决于裁决过程中采取什么样的程序。马修认为，萨默斯等学者提出的“程序的独立价值”理论就是尊重当事人的人格尊严。在科研不端行为的查处实践中，其最终目的确保查处对象的人格尊严得到基本的尊重。

尊严价值理论是通过程序本身而不是通过程序的“好结果”所体现出来的价值，应当包括平等，可预测性、透明性、理性，参与和隐私四个方面。首先，在这四个方面，平等应当说是最无可争辩的“尊严价值”，因为平等地表达观点是正当程序的基础。其次，可预测性、透明性、理性是具有内在关联性的“尊严价值”。根据这些价值的共同要求，一项裁判程序必须使当事人及时获知案件中待裁判的事项，与这一事件有关的证据，以及裁判程序的具体运作过程，而且这些事项、证据及程序过程必须是对于裁判结果的形成具有实际意义的。这些要求的核心是向那些利益处于待判定状态的参与者告知裁判的理由，这既是理性原则的需要，也有助于当事人及时为自己的未来作出合理的安排，从而产生被尊重的感觉。再次，参与是“尊严价值”的第三项内容。人们通常认为，只有在当事人富有意义地参与处理结论的制作过程，他们的尊严才有可能得到尊重。这也证明了，当事人的参与行为与当事人的尊严维护具有某种内在联系。最后，隐私是体现“尊严价值”的第四项内容。

尊严价值的实现需要将宪法上的程序性权利与尊严价值联系起来，将尊严价值的核心与宪法传统连接起来，并且指出要把贯彻正当程序要求作为实现尊严价值的途径。在马修以前学者的理论中，已经提出了程序合法性的观念，而马修认为，程序是否合法有两个标志：要么它不会产生错误的结果，因而也就不会侵犯个人的实体性权利；要么它能够保证与裁决结果有利害关系的当事人进行自由的协商和交涉，前者强调的是理性，后者则重视参与。马修指出，给予那些其权益受到某一决定不利影响的人以参与制作该处理决定的机会，并且裁判者应当向当事人说明理由，这是正义的要求。

第三节　科研不端行为查处与程序正义理论的适用性分析

罗尔斯于1971年提出程序正义，至今已有近半个世纪的时间，程序正义理论从产生到争议再到逐步完善、直至成为法治思想的核心理念，显示出了程序正义理论的巨大理论价值。程序正义理论在西方的司法和公共治理实践中得到了广泛运用，对实现个案公正、充分发挥司法公正对社会公正的引领发挥了重要的作用，其积极影响日益广泛。研究程序正义理论对科研不端行为案件查处的适用性问题，无论对于发展理论还是服务科研不端行为案件查处的实践，都具有重要的现实意义。

一　科研不端行为查处引入程序正义理论的必要性分析

我国科研不端行为的案件查处应当吸收和借鉴西方国家的程序正义理论，实现查处程序正义的价值取向应然转化为价值取向实然。从科研不端治理实践引入程序正义理论的必要性来看，主要存在宏观和微观两个因素，宏观上是我国现实国情大背景；微观上是国内科研不端行为治理的现实需要，具体来说，体现为以下几个方面。

（一）国家全面推进依法治国和构建社会主义和谐社会的需要

1997年9月，党的十五大报告明确提出“依法治国”，1999年3月，“依法治国”被写入宪法，从此“依法治国”既是党的意志，也是国家的意志。党的十五大以来，依法治国方略深入人心，已经成为全社会的共识。党的十八大报告用“全面推进依法治国”替代了之前使用的“依法治国”一词，将“依法治国”提到了新的高度。此后召开的十八届四中全会，明确提出了“全面推进依法治国”的总目标和重大任务。众所周知，法治是解决社会矛盾、促进社会和谐的行之有效的重要手段。程序法治是依法治国的核心，坚持程序法治，是加强我国纠纷解决机制法治化建设的重要途径。当前依法治国，应从单纯强调实体法治转向与程序法治并重。实体法治与程序法治并重是对法治路径认识的深化，程序法治的优越性在于能够维护实体公正，程序法治的基本问题关乎法治的基本目标。应当强化程序法治的思想意识。要改变“重实体、轻程序”“重结果、轻过程”观念的影响，充分尊重人格尊严，通过正当程序来保障社会公正与和谐。程序法治是法治理念的核心，完善的正当程序制度则是实施程序法治的关键，加强司法和执法过程中的程序法治程度。在国家法治建设中，应当在立法上设定实体性规则和程序性规则，从源头上确保程序的法治化。

（二）维护科研不端行为当事人程序性权利的需要

美国前最高法院大法官威廉姆·道格拉斯有句名言：“正是程序决定了法治与恣意的人治之间的基本区别”。由此可见，程序法治乃是现代法治理念的基本内涵。1999 年，由北京市海淀区人民法院审理的田永诉北京科技大学一案，是我国确立正当程序原则的里程碑式案例，此后的一系列类似案件充分表明程序不当在高校内部管理实践中非常普遍。依据教育法和高等教育法的相关规定，高校拥有一定的办学自主权，但是自主不等于自由，并不意味着权力可以无限延伸，可以不受任何约束，不遵循正当程序的基本原则，不体现程序的科学性、正当性、合理性。近年来，程序问题已经成为高校办学行为不规范的一个突出问题。高校要增强法律意识和程序法治理念，将正当程序原则引入到日常的教育管理领域，不断健全和完善参与、表达、听证、监督、送达和救济等一整套程序制度，实现高等学校内部治理程序的法治化。

（三）降低行政成本、提高行政效率和服务质量的需要

传统的公共行政管理模式具有行政管理成本较高、行政管理效率低下、行政服务质量较低等弊端，科研管理部门依法行使管理职能是我国公共行政的一部分，从深化行政管理和提质增效的角度来说，科研管理部门在实施管理过程中也或多或少存在降低行政成本、提高行政效率和改善服务质量的需要。随着法治理念的持续深入，“正当程序”已经成为一项基本的法律原则，日益渗透到行政管理的各个领域，成为现代法治理念的重要原则和集中表现，其基本思想可以进一步拓展为：无论法律是否作出明确规定，行使任何一项行政管理权都需要遵循正当程序原

则，正当程序具有公正、透明、高效等独特的内在价值。在当前行政权不断扩张的背景下，正当程序原则可以超越具体的法律规定，为否定明显违背法律精神的行政权，提供了法律基础。

（四）应对科研不端行为治理新挑战的需要

随着国家科学研究事业的蓬勃发展，科研人员的规模正在持续扩大，科研资源争夺的压力不断增大，加之互联网的普及运用和图书馆信息资源数字化的迅速发展，科研人员实现了足不出户即可轻松获取各种信息资料，可以说，计算机网络技术和远程通信技术以及存储技术、多媒体技术的高速发展，极大地提高了科研人员的工作效率，但同时也成为滋生科研不端行为的“温床”。近年来，国内的科研不端行为开始呈现泛滥之势，被媒体曝光的抄袭剽窃等造假案件逐年增多，虽然科研不端行为的治理也得到了引发了全社会的共同关注，有关科研管理机构也在不断出台新的政策，创新治理机制，但是，现有的法律法规、规章制度无法完全应对五花八门的学术欺诈，远不能满足治理工作的现实需要，制约了从现实治理状态通往理想治理状态的行进，总体而言，我国目前仍然面临着科研不端行为治理的严峻挑战。

二　科研不端行为查处引入程序正义理论的可行性分析

从我国科研不端行为治理的法律法规政策制度体系来看，自 1999 年以来，国家自然科学基金委、科技部、教育部、中国科学院、中国工程院等国内几个主要国立科研资助机构，陆续制定和完善了科研不端行为的查处制度规范，界定了科研不端行为，明确了资助机构和受助机构的职责、调查和处理的规则、申诉及处理等。从其内容来看，对科研不端行为案件查处最重要的程序规定明显不足，而这些又恰恰是科研管理机构最关心的内容，也是调查主体开展调查取证工作的行动指南，因此在科研不端行为案件查处中引入程序正义理论是非常必要的。

从我国对科研不端行为问题的研究来看，已有的研究成果主要集中在对科研不端概念的界定，科研不端行为产生的根源以及治理的对策等方面。对科研不端行为的查处程序研究尚处于起步阶段，特别是立足于查处程序正义的研究更是不多见。如何从程序正义的视角来研究科研不端行为案件的查处，成为当前科研管理部门面临的现实而又迫切需要解决的问题，同时也是学术界需要探讨的一个具有应用价值的问题。程序正义理论虽然是一种诞生于西方社会的理论，理论的运用具有一定的政治、经济、文化基础，但我们也不应当持全面否定的态度，而是应在我国建设具有中国特色社会主义的大背景下，以开放、乐观、积极的心态看待程序正义理论的价值，立足我国特殊的国情和科研不端行为案件的特点，有选择地吸收和借鉴程序正义理论的思想和理念来服务于科研不端行为查处程序的建设和完善。

程序正义理论为科研不端行为查处程序的设计提供了理论基础，遵守现代文明社会关于程序正义的要求，能够防止不公正或者非正义现象的发生，提高案件查处程序的科学性、公正性、合理性，确保被举报人的合法权益和人格尊严能够得到维护，可以使科研不端行为的查处主体从不同角度查清案件的事实真相，使案件得到更加公平公正的处理，更加准确地追究当事人的相应责任。坚持程序正义的原则能够保障当事人各方充分且富有意义地参与到调查和处理的过程，有助于产生公正的裁判结果，程序正义价值的实现可以避免“冤枉无辜”，这也是科研不端行为查处制度的核心原则。合理借鉴程序正义理论并运用于科研不端行为查处程序的完善，减少程序性缺陷，探索建立适合我国国情的查处模式和查处程序，是优化我国现有查处程序的现实选择。

三 程序正义理论与科研不端行为查处程序的逻辑关系

程序正义即过程符合公平正义的要求，也被誉为“看得见的正义”，是指案件的裁判过程不仅要符合公平和合理的要求，而且还要使人从中感受到裁判过程的公平性和合理性。程序正义的参与性、中立性、对等性、合理性、及时性和终结性等基本要求，体现了自由、平等、公正、法治、人权的思想，旨在通过科学、合理、公开的程序约束公权力、捍卫私权利，对行使的自由裁量权予以正当化控制。程序正义本身就代表了过程的公正、民主、理性、有尊严感，这与科研不端行为查处程序的正当性要求在逻辑上具有一致性。具体来说，程序正义理论与科研不端行为查处的逻辑关系主要表现在以下三个方面。

（一）程序正义是科研不端行为查处程序优化的价值导向

首先，程序正义有利于维护人民当家做主的根本利益。从国家的性质来说，我国是中国共产党领导下的人民民主专政的社会主义国家，这就决定了党和国家的根本目标和任务就是最大限度地保障人民当家做主的权利。科学研究活动是一项关系国家长远发展和促进社会持续进步的事业，可以增进全体国民的福祉，治理科学研究活动中的各种不端行为就是维护社会的公共利益，科研不端行为的查处程序优化要平衡社会公共利益和当事人的个人合法权益，把程序正义作为科研不端行为查处程序优化的价值导向。也就是说，修改、完善现有的科研不端行为查处程序要以程序正义作为价值取向，严格按照程序正义的基本要求，在社会公共利益与科研不端行为当事人的个人合法利益间进行综合平衡，确保科研不端行为人的利益诉求是在程序正义原则指导下，不断实现两者利益的均衡。

其次，程序正义有利于提升国家的治理能力和水平。现阶段我国正在全面实施依法治国，推进国家治理体系和治理能力现代化，依法治国是国家治理体系和治理能力现代化能否实现的制度保障。具体到科研不端行为的治理体系和治理能力的现代化，就是实现治理的制度化、科学化、规范化、程序化，使科研不端行为查处主体善于运用法治思维去实施治理，把科研不端行为治理能力和水平提到一个新高度。依法行政，构建法治政府是推进国家治理体制机制改革完善的方向引领和坚强保障，科研不端治理也要适应法治国家建设的需要，在科研不端行为的查处过程中引入正当程序原则，并将其作为查处程序优化的价值导向、评价标准和重要保障。也就是说，要科学合理地设计科研不端行为查处的阶段性程序，努力为当事人提供一个公正的参与条件，消除一切影响公平的程序，充分调动当事人参与查处程序的积极性、主动性，使其富有意义地参与到查处程序中，强化当事人对查处过程的参与和监督，使查处工作在法定的程序要求下进行，提高查处结果的可靠性、可接受性和社会认可度。同时，通过参与主体富有成效地参与，有利于提高查处工作效率，有效提升国家的治理能力和水平。

最后，程序正义有利于规范行政行为、抑制行政权力腐败。科研不端行为查处程序的运行伴随着行政权力的行使与作用，而权力没有一个统一的标准和模式，具有不稳定性，如果行使权力的程序不当，或者不按照既有的程序办事，容易产生行政行为不规范，导致权力腐败。在我国的科研不端治理实践中，还存在着查处主体及其工作人员思想认识不到位，利用自身的行政权力与职务影响的纵容袒护，为当事人包庇开脱、逃避处罚等现象，致使公权力异化和滥用，置社会公共利益于不顾，严重背离了程序正义的原则要求，既不利于和谐社会的构建，也损害了政府的形象和公信力。在科研不端行为的查处实践中，现有查处程序制度的不健全不规范，也是出现行政权力运行腐败的一个重要原因。因此，优化科研不端行为的查处程序，首先需要从查处程序规范入手，把程序正义作为程序优化的价值导向，不断提高查处程序的规范化、科学化、合理化水平，减少行政主体对自由裁量权的过度使用，防止行政权力腐败。

（二）程序正义是科研不端行为查处程序优劣的评价标准

程序正义是相对于实体正义（裁判结果）而言的，是指裁判过程的公平，它在科研不端行为的查处程序中具有独特的价值：一方面体现为程序正义自身独特的内在价值；另一方面体现为程序的外在价值。在“重结果，轻过程”和“重实体，轻程序”思想的影响下，过去人们对案件裁判过程（相对于裁判结果而言）是否公平的关注明显不足，但是随着人民群众对自身主体地位的认知加深，维护自身利益的高度自觉，人们对社会公平正义有了更加迫切的要求，对社会公平正义的期待越来越高，程序正义（相对于实体结论而言）逐渐成为程序优劣的评价标准。

程序正义的内在价值，是指相对于裁判程序所产生结果之外的程序性价值，其价值证明不依赖于裁判结果的正当性而在于裁判程序自身之中。科研不端行为查处程序正义的内在价值表现在两个方面：一方面，是查处程序自身所具有的独特的内在优秀品质，具体涵盖了对当事人程序性权利的保护、保障相关主体在科研不端查处过程中具有平等的合法权益和人格尊严，不能因为科研不端行为当事人存在过失，查处主体就有权侵害其合法权益，不管当事人是老师还是学生，是学术权威还是学术后生，在科研不端查处过程中都是平等的权利主体与义务主体，人格是平等的，绝没有高低贵贱之分，如何查处主体都不得凌驾于查处程序之上，做出有损当事人人格尊严的事情，要切实维护当事人的人格尊严，给予平等的表达、陈述与申诉的机会，这也是查处主体应尽的义务。另一方面，程序正义的内在价值是指程序正义可以对查处主体的权力行使形成规约机制，能够有效防止权力滥用和权力寻租。在科研单位内部，行政权力和学术权力相互交织，不同主体之间存在利益的冲突，程序正义能够对权力的行使产生一种约束，迫使权力主体遵循正当程序要求。

程序正义的外在价值，是指存在于裁判程序的过程性价值之外的价值，其价值的证明来源于程序正义和实体正义的关系之中以及裁判结果的社会承认程度。同样的，科研不端行为查处程序正义的外在价值也表现在两个方面，一方面，是查处程序正义可以促进裁判结果的科学公正，有利于维护学术诚信，程序正义对查处结果的公正具有工具性价值。从技术的角度来看，科研不端行为的查处需要一套科学完整的程序体系，按照一定的标准、方法、步骤和环节，通过科研不端行为投诉的受理、调查、认定和处理等操作程序，让科研不端行为当事人陈述事实，提供证据，帮助调查主体把握有关的信息，了解事件真相，从而作出科学的判断，形成公正的处理决定，确保查处结果正义。另一方面，程序的正义有利于提升查处结果的社会公信力和社会接受度，减少社会质疑，吸纳不满情绪。有时候裁判结果的正义并不意味着相应地产生较高的社会认可度、接受度和社会公信力。程序正义对提升查处结果的社会公信力具有明显的作用，程序正义可以使科研不端行为当事人富有意义地参与到调查和处理的过程中，有机会直接与查处主体的专家们面对面就有关问题和细节进行交流，避免因为查处程序不透明、程序不规范而产生质疑，同时，通过程序正义和操作规范吸纳当事人的不满和抵触情绪，有利于抚慰当事人的心灵。因此，程序正义所具有的双重价值属性，共同构成了科研不端行为查处程序正义的内在和外在价值。

（三）程序正义是科研不端行为查处程序优化的重要保障

我国是中国特色社会主义法治国家，社会主义法律框架已经基本形成，在行政领域“无法可依”逐渐成为历史，依法治国的核心和关键是依法行政，法治的本质在于程序之治，程序是法治政府、法治社会建设重要保障，也是民主法制的重要基石。在科研不端行为治理实践中，查处程序应当坚持程序正义的原则，依照科学规范的程序指引，维护社会的公共利益。程序正义既是科研不端行为查处程序的目标和内容，又是查处程序优化的重要保障，程序正义是科研不端行为治理持续创新机制的社会环境因素，在科研不端行为的治理过程中，要不断地建立、完善和优化相应的查处程序制度，以科学规范的查处程序确保查处结果的正义、维护公共利益、保障当事人合法权益、避免行政权力的不当行使、同时提升行政管理的效率。

一方面，程序正义规范和指引社会公共利益，协调社会公共利益与各方当事人合法权益的关系，维持各方利益的综合平衡。程序正义原则包括程序的参与性、公开性、对等性、中立性、合理性、及时性和终结性等要求，以程序正义的基本原则为科研不端查处程序的优化提供了价值指引，有利于维护社会公共利益和个人合法权益的综合平衡。由程序正义原则所保障的查处程序应当是公平公正、中立无私的，能够规范和监督行政权力得以正当行使。此外，程序正义维护了科研不端行为当事人的程序性权利，为当事人陈述事实和表达意见、利益诉求等提供了平台，确保查处程序的科学化、规范化、合理化和正当化，有利于实现实体正义。另一方面，程序正义也在强调程序本身的优化。在科研不端行为的查处实践中，不论是调查程序还是处理程序，每一个阶段性程序都要体现程序正义的基本要求。即在查处程序制度的指引下，科研不端行为的调查和处理程序应当符合科学、规范、理性、正义的要求，为查处主体行使调查处理权提供科学的依据，避免查处程序运行的不规范，导致查处结果缺乏社会公信力，在确保查处程序科学性的同时，实现查处结果的正义性。

本章小结

本章首先通过对科研不端行为概念的界定和相近概念的辨析，明确本书采取科研不端行为的一般性概念，即抄袭、剽窃、篡改和其他违反科学道德的行为，包括违反科研伦理和出版伦理。从科研不端行为的发生阶段来说，涵盖了科研准备、科研过程和科研成果的报告三大阶段，其中科研成果的报告包括科研成果的发表、科研成果的鉴定和科研成果的宣传等。接下来，阐述了科研不端行为查处的理论基础，以正义理论为逻辑起点，以程序正义理论为核心的分析工具，以尊严价值理论为程序正义的道德意义。最后论述了程序正义理论对于科研不端行为查处的适用性，阐明了程序正义理论与科研不端行为查处程序优化具有逻辑上的一致性关系，程序正义是科研不端行为查处程序优化的价值导向、评价标准和重要保障。

第三章　科研不端行为调查程序分析

对科研不端行为进行界定是开展治理工作的基础和逻辑起点，也是判定是否存在科研不端行为的基本依据。有了科学、准确的科研不端行为划界，就可以按照有关查处程序制度开展查处工作了，调查认定是科研不端治理工作的第一个核心环节。建立一套能够体现程序正义的科研不端行为调查程序，既是保证科研不端行为查处结果正义的重要条件，也是保护被举报人的人格尊严和查处结果公信力的必要要求，决定了科研不端治理工作的质量和水平。当科研活动中存在的不端行为被科学共同体发现，并向有关科研管理部门举报后，有关科研资助机构和依托单位就需要按照相关科研不端行为查处制度的安排，适时启动调查程序，通过严格的调查程序：一方面可以核实有关举报内容的真实性，查明科研不端行为的真相；另一方面为下一步对当事人实施惩戒提供依据。本章主要从程序正义相关理论的视角探讨科研不端行为调查的阶段性程序，涵盖举报受理、初步调查、正式调查、临时性措施的实施和解除等环节。

第一节　举报和受理程序

一　发现和举报模式分析

科研不端行为案件的发现主要是在科学共同体内部，由同行发现并通过举报公开的，科研不端行为的举报线索是科研单位和科研资助机构获取、调查、处理案件的主要案源基础。从这个意义上说，科学地设计科研不端行为的举报模式和举报程序对科研不端治理工作具有重要价值。由于科学研究事业分工越来越细，专业领域越来越窄，学科交叉越来越深入，科研成果具有高度的专业性，科研不端行为的发现和举报往往都发生在相同或者相近领域。科研不端行为的举报对于惩处当事人、维护科研诚信具有重要的意义，但是举报人可能会面临来自被举报人的报复，现有的查处制度缺乏对举报人的保护和奖励机制，在一定程度上弱化了科学共同体成员的举报行为，因此，建立和完善科研不端行为的举报模式和举报程序，有利于解决当前国内的科研不端行为现象不少、但被实名举报的案件数量少之又少，改变科研不端行为发现难举报更难这一现实困境。

科研不端行为事件的发现主要有两种模式：一是由举报产生的被动响应式；二是由学术不端行为检测产生的主动出击式。通常来说以前者居多，是指科研管理部门接到科学共同体内部同行人员的举报，发现弄虚作假等科研不端行为需要科研管理部门展开调查处理，接到相关举报是启动查处程序的必要前提，从科研监管的角度来看，这种科研不端行为的发现属于被动响应式。后者是科研资助机构或者学位授予机构主动开展的学术不端行为检测，检测的对象是科研项目申请人的项目申报书或者学位申请人的学位论文，通过文字的复制比来了解论文是否存在文字抄袭、剽窃行为，这种模式是基于对科研资助或者学位授予的严肃性而专门设计的一道关键程序，其检测结果可以作为项目资助或学位授予的重要指标或者参考指标，达到科研资助机构或者学位授予机构规定的复制比范围，也仅仅是获得科研项目资助或者学位的必要条件，而不是充分条件。从目前学术不端行为查处体系设计来看，由于缺乏主动出击式发现模式的相关查处制度设计，对主动发现的学术不端行为处理失之于宽，对科研资助申请而言无非就是取消当次的科研资助评审资格，无法继续进入专家评审环节，意味着科研项目申请失败。但是对于学位申请则显得更加宽容，如果学位论文提交中国知网学术不端行为检测系统，检测结果高于学位授予单位的复制比范围，那么可以在第一次检测完毕之后进行修改，对存在程序嫌疑部分的文字进行修改，在降低文字复制比之后，可以向学位授予单位提出申请，再次提交学位论文进行第二次检测，有的单位规定每次申请学位前可以有三次查处机会，由此可见，学位授予单位对学位申请人可能存在的学术不端行为表现出相当的宽容。笔者至今尚未发现学位授予单位主动对学位申请人学位论文存在的学术不端行为追究责任的，充其量就是学位申请人因为学位论文复制比过高，需要修改却没能在一定时间范围内完成修改降低复制比，而错过了学位授予单位规定的学位申请时间，这种延迟毕业纯粹是因为个人原因，而不是学术不端行为监管机构导致。

二 举报形式和渠道分析

科研不端行为的发现和举报是启动调查程序的前置性环节。20 世纪 70 年代末 80 年代初，科研不端行为在美国率先爆发，特别是生物医学领域的不端行为案件频频曝光，人们在批判科学界的弄虚作假之余，开始思考如何去防患于未然。有些科研不端行为涉及联邦科研资助项目，研究基金的滥用不得不引发联邦政府的高度重视。在这种情况下，1981 年国会下院议员戈尔就生物医学领域发生的不端行为事件召开了委员会会议，戈尔议员批评了政府和大学都完全没有建立起举报不端行为的体系。虽然科学界对政府介入科学研究活动并不满意，但是在政府的有力推动下，处理被举报的不端行为事件的相关规则得以出台，如 1986 年，美国卫生部公布了《处理科学不端行为的方针和办法》；1987 年，美国的国家科学基金会（NSF：National Science Foundation）发表了《科学、工学研究中的不端行为》一文，使美国的科研不端行为治理体系逐步得以建立。美国的国家科学基金会较早对科研不端行为的举报方式、举报渠道和受理程序进行了比较详细的制度设计。中国在科学研究领域不断取得进步的同时，对科研不端行为也日益关注。作为代表政府资助科学研究的管理机构之一，中国的国家自然科学基金委（NSFC：National Natural Science Foundation of China），在推动科研诚信、加强监督制度建设方面也开展了一系列卓有成效的工作，2005 年制定出台了《国家自然科学基金委员会监督委员会对科学基金资助工作中不端行为的处理办法

(试行)》(以下简称《处理办法》),《处理办法(试行)》设计了一套涵盖举报受理、调查处理、申诉救济等环节的科研不端行为查处程序制度。

人类已经完全进入互联网时代,“互联网+”已经成为时代的关键词,Web 2.0 的技术发展推动了科学进入 2.0 时代,互联网深刻地改变了我们的学习、工作、生活、社交方式。互联网与科研不端行为治理的有机结合催生了网络举报,由此可以发现和曝光更多的科研不端行为事件,引起科研单位和科研资助机构的重视,并将其纳入科研不端行为新的举报模式,受理举报并按照程序进行调查和惩处。现有举报模式总体来说主要有两种模式:一是官方指定模式,即按照官方指定的举报方式来进行,如通过书信、电话、传真、电子邮件等途径,在这种举报模式下,举报信息是在发送者和受众之间进行点对点的传递,举报信息的内容仅在小范围为人所知;二是非官方指定模式,利用新媒体平台公开披露,如通过网络发帖举报,在网络论坛、贴吧、知名网站等网络社区发布帖子来进行,或者通过网络社交软件等形式,在微博、微信、QQ 空间等网络社交空间发布帖子来进行举报,在这种举报模式下,举报信息是在发送者和受众者之间进行点对面的传递,因为受众者不再是受理举报的工作人员,而是广大网民群体,举报信息的内容迅速在大范围得到传播蔓延,广为人知,能够使网络举报事件在短时间内引起公众的强烈关注,有利于科研不端行为举报得到相关受理部门的迅速响应和受理立案,并及时启动调查程序。

根据美国法规,美国国家科学基金会监察长办公室(OIG:Office of the Inspector General)是预防和调查欺诈、浪费和滥用的独立监督办公室,也是 NSF 受理科研不端举报的部门。OIG 在其官方网站公布了举报方式,包括互联网在线表单、电子邮件地址、电话、匿名热线、传真、详细通讯地址等。通过主动将举报渠道公之于众,方便知情人投诉举报。举报的形式丰富多样,可以采取邮件、电话、传真、信件和互联网在线表单提交等方式,可以实名举报也可以匿名举报。举报人可以直接向 OIG 举报 NSF 资助中存在科研不端行为,也可以向 NSF 工作人员进行举报,NSF 工作人员告知 OIG 或者将举报者引见给 OIG,如果 NSF 的工作人员自己发现了研究不端行为，应该迅速地和慎重地告知 OIG。2000 年 12 月 6 日，美国科技政策办公室（OSTP：Office of Science and Technology Policy）颁布了《关于科研不端行为的联邦政策》，统一了美国对科研不端行为的定义。NSF 颁布了《美国国家科学基金会关于研究不端的规定》，OIG 是否受理举报取决于对举报内容的审查，看是否符合 OSTP 和 NSF 对科研不端行为的定义，即在国家科学基金资助科研项目的申请、实施过程中，或在研究申请评议中或报告研究成果中出现的伪造、篡改或剽窃行为。研究不端行为不包括诚实的错误或观点差异。如果 OIG 认为被举报的研究不端行为可能存在民事或刑事违法，OIG 会将其提交给司法部。

与美国相比，我国目前还没有全国统一的科研不端行为定义，但是 NSFC 也在《国家自然科学基金条例》基础上建立了相应的举报机制，《国家自然科学基金委员会对科学基金资助工作中不端行为的处理办法（试行）》［以下简称《处理办法（试行）》］第二十一条规定：NSFC 监督委员会办公室负责受理投诉和举报。监督委员会在自然科学基金委党组直接领导下独立开展监督工作，监督委员会专门负责调查处理学术不端行为的各项具体工作。NSFC 的监督委员会作为科研不端行为的调查和处理机构，按照国务院的《信访条例》第九条规定，在其官方网站公布了投诉举报联系方式：通信地址、邮编、电话、传真、电子信箱等，国家自然科学基金委官方网站设有一个“监督投诉信箱”栏目，内容包括通信地址、邮编、电话、网上举报电子邮件地址和受理范围等。举报的形式多种多样，可以采取来人、来电、来信、来函、来电子邮件等形式。《处理办法（试行）》规定了“有事实依据的重要匿名举报”，可予以立案。可见，在实践当中，实名举报只是提倡，而不是必须。受理举报的依据是《处理办法（试行）》中第二条规定，即在科学基金申请、受理、评议、评审、实施、结题及其他管理活动中发生的不端行为。此规定中的不端行为是指违背科学道德或违反科学基金管理规章的行为。

通过对 NSF 和 NSFC 关于科研不端行为举报的受理主体、举报的形式和受理的依据进行比较，可以看出，两者都有专门的受理机构，可以独立开展监督工作；举报的形式丰富多样，举报的渠道是畅通的；受理的依据都是根据各自对科研不端行为的定义，是否受理取决于对举报内容的审查。NSF 和 NSFC 对科研不端行为的界定差异非常明显，相对而言，NSF 的界定更加具体，在治理实践中可操作性强，而 NSFC 的界定则比较宽泛，违背科学道德就是一条表述比较含糊的条款，由谁来界定以及如何认定，则需要实施细则，否则就丧失了可操作性。此外，违反科学基金管理规章的行为的规定虽然也涉及科研活动相关的造假行为，但很大程度上属于科研经费使用方面存在欺骗问题，有时候甚至涉及经济犯罪，所以当事人因增加个人收入而滥用研究经费以及其他违反科研经费使用的行为，可以认定为是与科研活动有关的不端行为，但并不属于纯粹的学术行为。因此，总的来看，NSFC 受理科研不端行为举报的内容更加宽泛，从可操作性的层面来看，有需要进一步改进的空间。

应当说，随着新媒体的快速发展和普及应用，科研不端行为的举报形式和渠道越来越多，在科研不端行为治理中发挥了积极的作用，推动了科研不端治理进入新阶段。但是也存在一些人借助新媒体编造网络谣言的问题，需要受理单位引起重视，仔细甄别。新媒体举报有效性的发挥离不开举报人的信任、操作便捷、内容公开、实时互动、快速反应等五个基本原则。近年来，很多科研不端行为都是通过新媒体举报而被查处的。科研不端行为的举报离不开官方渠道和非官方渠道相结合，作为受理主体要加大对非官方渠道，尤其是新媒体举报渠道的引导和规范，建立相应的响应机制和程序，完善相关的配套机制，建立查处的衔接机制，使新媒体举报模式得到进一步的规范和完善。同时，要重点解决受理主体的交叉问题，在现实环境下，存在科研不端行为举报方面的困惑，如某一学术论文系多个研究单位的多名研究人员合作发表，同时这一论文还标注了多个科研项目资助，而论文自身却被同行发现数据造假，对于同一科研不端行为事实涉及“多重资助”的问题，该向谁举报？一般来说，科研资助机构和依托单位都是科研资助项目所涉科研不端行为举报的受理主体，可以分别向科研资助机构举报和依托单位举报，也可以选择科研成果的归属单位，至于采取什么样的形式完全取决于举报人，对于这种同一举报内容如果涉及多个受理主体，各受理主体之间应当建立沟通机制，加强举报内容信息共享和沟通交流，必要的时候，各科研资助主体和依托单位可以成立联合调查组，共同参与到科研不端行为的查处程序中，进而形成跨部门的统一行动，联合调查、共同打击。

三 受理权限和程序分析

科学技术部颁布的《国家科技计划实施中科研不端行为处理办法（试行）》［以下简称《处理办法（试行）》，2007 年 1 月 1 日起施行］，《处理办法（试行）》第四条明确规定了科研不端行为的调查机构，即项目主持机关（包括科学技术部、行业科技主管部门和省级科技行政部门）和项目承担单位（所有国家科技计划项目承担单位）是科研不端行为的调查机构，根据其职责和权限对科研不端行为进行查处。从该规定来看，科技部明确了科研不端行为举报受理的责任主体，主要是科研项目主持机关和项目承担单位，从科研不端行为监管层级来看实施的是自上而下三级监管机制，从实际的举报受理工作操作程序来看，承担科研项目的单位直接负责对本单位发生的科研不端行为进行调查和处理。与此不同的是，国家自然科学基金委对其受理的科研不端行为的举报，采取的是科研资助机构和项目承担单位相互协作的二级监管机制，由国家自然科学基金委的监督委员会直接负责调查处理所资助项目的科研不端行为，作为基层的研究单位往往在国家自然科学基金委介入前已经展开调查，看上去调查工作出现了重复，实际上面对科研不端行为的举报，科研资助机构仅仅关心所资助项目的科研不端行为事实和处理，研究单位则需要彻底弄清科研不端行为嫌疑人的所有指控是否属实，无关乎是否涉及科研资助，从这个意义上说，科研资助机构和研究机构受理举报的权限范围不同，直接导致对科研不端行为的投诉举报，关注的重点并不相同。

通过以上分析可见，对于科研不端行为的举报存在受理权限范围问题，即管辖权的问题，一般而言，科研资助机构和研究机构都有维护所资助科研项目的科研诚信的责任和义务，换句话说，就是科研资助的项目一旦出现不端行为，科研资助机构和研究机构都拥有管辖权，均具有受理举报的职责和义务。在实践中出现了“一个科研不端行为举报涉及两个管辖主体”的问题，比如，曾经轰动一时的浙江大学“贺海波事件”，贺海波在几篇造假论文发表时擅自标注了科研资助项目的来源和编号，其中涉及的科研项目，既有国家级的，如国家“973”计划、国家自然科学基金、国家博士后基金等科研项目；也有地方性的，如浙江省科技厅、教育厅、中医药局等资助的科研项目。为了达到事件的扩散效应，举报人先后向科技部、国家自然科学基金会、中国工程院等科研资助机构，以及科研项目依托单位浙江大学分别发出实名举报信，举报贺海波论文存在重大学术不端行为，浙江大学作为依托单位、该举报事件的处理责任主体，在接到举报后第一时间进行了受理立案，并且对举报内容启动调查程序，经过调查发现，贺海波的科研不端行为主要发生在浙江大学进行博士后研究期间，在受聘副教授之前，其科研不端行为主要有捏造、剽窃和擅自署名等，包括论文剽窃、捏造知名专家帮助修改论文、一稿多投、擅自署作者名字、擅自标注科研资助项目支持等，最终浙江大学撤销了贺海波副教授的职务和任职资格，解除了聘用合同。除此之外，由于贺海波造假论文擅自标注了国家自然科学基金研究项目来源及编号，国家自然科学基金委员会监督委员会也启动了查处程序，最终对贺海波作出了严肃的处理，撤销造假论文所涉科研资助项目，取消贺海波的科研基金申请资格7年（2009—2015年）。

四　举报信息的共享程序分析

科研不端行为在科学共同体内被同行发现并举报，是科研不端行为治理的重要信息来源。举报究竟是采取官方指定模式还是非官方指定模式，完全取决于举报人自身的选择，但两种模式所产生的举报信息传播方式却大相径庭。举报人通过网络平台发布科研不端举报信息的话，无论是实名还是匿名，都无异于将其发现的科研不端行为事实昭告天下。实际上举报人通常选择向科研不端行为嫌疑人所在单位进行举报，但在科研资助背景下，明显存在“一个举报，两个以上的受理主体”的现实问题，如浙江大学贺海波发表的论文涉嫌造假被同行发现并举报，贺海波的论文标注了几个科研资助机构的研究项目和编号，举报人按照有关程序向贺海波所在的浙江大学进行了举报。此时我们可以假设，举报人并没有向科研资助机构举报，举报信息的内容仅在发布者和受众者浙江大学之间传递，作为受理举报并承担具体调查处理工作的大学学术委员会，在接到举报信息后，没有及时告知科研资助机构并与之共享举报信息，可能会导致被举报的科研不端行为虽然涉及科研资助项目，但是科研资助机构对依托的研究单位所做调查处理之事并不知情，国家自然科学基金委在接到举报人对贺海波的举报内容后，也启动了调查程序并作出相应处理，浙江大学和国家自然科学基金委先后作出了调查和处理，这样就造成了对同一举报内容的调查处理出现重复和交叉的情况，重复消耗了开展调查所需的人力物力财力，对当事人贺海波来说，一轮又一轮的调查也使其身心疲惫，同时也影响了科研不端行为查处工作的严肃性，引发了公众对科研不端行为治理能力的强烈质疑。可见，科研资助机构和研究单位在受理举报时，应当建立信息共享机制，进一步完善举报和受理程序的联动机制，做好程序上的衔接和行动上的配合。

科研不端行为举报信息共享，是指科研不端行为不同查处主体间进行的举报信息共享活动，有利于提升科研资助机构和研究单位共同打击科研不端行为的协作水平，优化科研不端行为不同查处主体之间的资源配置，节约科研不端行为治理的社会成本，形成共同参与打击科研不端行为的协同机制。那么如何在受理主体间共享举报信息呢？我们再以浙江大学贺海波事件为例，作为科研成果责任单位和受理主体的浙江大学在接到举报后，应当主动排查贺海波涉嫌造假论文的举报信息是否涉及科研资助项目，经过初步核实举报确与国家自然科学基金委等科研资助有关，此时作为科研资助项目的依托研究单位的浙江大学，按照科研资助机构与受助机构建立的委托代理关系，浙江大学有责任有义务以书面形式将举报信息告知科研资助主体，这种责任不因科研资助机构已经接到举报人的相关举报而免除。举报信息在不同受理主体间实现共享之后，科研不端行为正式调查程序启动之后，组建科研不端行为专家调查组时应当考虑成立联合调查组，邀请国家自然科学基金委派专家参与调查程序，维护科研资助机构的知情权、参与权，如果国家自然科学基金委未派专家直接参与事件调查，委托浙江大学对贺海波论文造假举报进行调查，依据委托代理理论，国家自然科学基金委与浙江大学形成了委托代理关系，浙江大学有责任主动向其通报贺海波涉及国家自然科学基金资助的那几篇论文造假情况的调查结果，需要通报的这些论文可能只是贺海波造假论文的一部分，而不是所有的贺海波造假论文。所以，在科研资助语境中，科研不端行为举报信息共享应当是常态化的，受助机构和科研资助机构及时实现举报信息的共享，有利于案件调查工作的开展，举报信息核实的情况通报也能够为下一步处理措施的有效衔接奠定基础。

第二节　初步核实调查程序

一　初步调查的程序价值

初步调查是在接到科研不端行为举报后的“立案前的审查”，它与立案后的正式调查具有不可分割的联系，初步调查是立案前对举报材料进行审查的细化规定和实际运用。初步调查是以核实、评估举报线索作为起点，从而决定是否立案的程序。根据科研不端行为举报线索的特点，在审查、评估环节，将审查的对象侧重于举报人提供的线索。受理举报登记后，初步调查随即获得批准，经承办人根据线索制定初步调查方案并启动调查核实程序，目的是初步查清是否有科研不端行为事实或者存在违反法律法规的情节，并判断是否有必要立案进一步展开调查取证，来收集必要的证据。

初步调查是一种非正式的调查活动，是指在接到举报之后、正式立案和启动正式调查程序之前展开的一个非正式程序，具有简便、灵活和快捷的特点。它的价值显而易见，可以避免科研不端行为正式调查程序启动所需的内部烦琐的报批程序，能够节约科研不端行为的监管资源，提高科研不端行为举报的处理效率。监管部门启动这种程序之后，被举报人可能并不知情，也不需要被调查者积极配合，因为当事人不会收到有关的调查告知书。因此，这种程序在启动、进行、终结等方面，调查人员都有较大的自由度和灵活性。由于科学共同体内部人员科研诚信意识不断提高，科学工作者就某个科研不端行为进行举报已是司空见惯，媒体上也时常披露这方面的事件，如果科研监管部门能够及时进行非正式调查，能够在很大程度上避免科研资源的滥用和不端行为事件愈演愈烈。

二 初步调查的模式解析

科研不端行为的调查与其他一般性行政性案件的调查模式明显不同，调查对象具有特殊性，是涉嫌科研不端行为的研究人员，是从事科学研究活动的专业技术人员。实施科研不端行为调查的主体存在多元性，根据举报内容是否涉及科研基金资助，存在科研资助机构、科研单位、独立第三方等不同的调查主体，采取的调查方式也不同，初步调查主要存在两种主要模式：一是问询式调查；二是书面调查。从国内外科研不端行为查处制度规范文本来看，初步调查的实施主要是由研究机构承担，科研资助机构并不参与其中，研究机构的调查程序是由研究机构负责科研不端行为举报受理的相关工作人员完成，研究机构的负责专员初步了解不端行为是否属实，然后再向本机构查处科研不端行为的负责人提出是否需要深入调查的建议，至此，初步调查得以完成。

（一）问询式调查

问询式调查是一种直接调查法，是指调查人员以询问为手段，从调查对象的回答中获得信息资料的一种调查方法。问询式调查法是调查活动中最常用的方法之一，在实际科研不端行为指控的调查中，按举报事实列举的内容以及调查者与被调查者接触的方式不同，主要可以分为面谈调查、电话调查、邮寄调查、留置问卷调查等方法。由于科研不端行为的被举报对象是具有较高科学文化素养的专业技术人员，所以，初步调查的实施主体较多地采取问询式调查，以最短的时间获取宝贵的第一手资料，通过直接的沟通交流有利于较准确地查清举报事实，大大地缩短了科研不端行为查处的时限，提高了初步调查的工作效率。从程序正义的角度来看，通过听取被举报人的陈述和申辩，被举报人实际参与到初步调查程序之中，维护了当事人的程序性权利，同时当事人的人格尊严也得到了尊重。

（二）书面调查

书面调查是一种间接调查法，是指调查人员以审查书面材料为手段，从举报的材料中获得信息资料的一种方法。书面调查法是调查活动中最常用的方法之一，在科研不端行为举报的调查活动中，按举报材料的详细内容以及举报人提供的证据材料，通过对举报材料、书证、物证、线索等审查核实的方法，进一步查清举报事实。书面调查具有简单方便，易于操作的优点，同时能够较好地发挥其保密功能，不会引起科研不端行为嫌疑人的警觉，从而产生防备心理，对抗可能采取的进一步调查，特别是防止嫌疑人提前销毁有关实验记录，以及其他对查明事实真相具有重要价值的原始资料。在实际调查中，书面调查主要适用于涉及文字的抄袭、剽窃等科研不端行为类型，如论文抄袭、剽窃已经立项的基金项目申报书等不端行为。从正义的角度来看，通过审查举报信息和相关的文件、报告等来初步确定被举报人是否存在科研不端行为事实，避免了调查人员将举报信息公开，符合保密性原则，从调查程序的完成时限来看，调查效率较高符合程序的及时性原则。

三　初步调查的程序内容和完成时限

NSF 把对科研不端行为的调查明确分为 Inquiry 和 Investigation 两个阶段，为了准确区分，我们通常把“Inquiry”翻译成“初步调查”，“Investigation”翻译成“正式调查”。初步调查是一种非正式的调查程序，通过口头询问或者书面审查来进行举报内容的初步事实核查，并以此调查结论作为启动正式调查的依据。NSF 开展调查工作的主体是 OIG、受助机构或者其他联邦机构。从科研资助管理的角度来看，NSF 的 OIG 调查属于内部调查，受助机构或者其他联邦机构的调查属于外部调查。受助机构承担预防和发现研究不端行为，以及初步调查、正式调查和判定研究不端行为的主要责任。NSF 在获悉科研不端行为举报时，应当及时告知 OIG，如果 OIG 认为被举报的科研不端行为不涉及民事或刑事违法，OIG 将有以下三种方式进行初步调查：一是通知并监督受助机构启动初步调查程序；二是遵从受助机构或者其他联邦机构的初步调查；三是任何时候重新启动自己的初步调查。OIG 进行的初步调查应该在启动调查之后的90 日内完成。可见 NSF 在初步调查环节以委托受助单位的外部调查为主，必要时启动内部调查，同时对于内部调查的时限进行了明确。实际工作中也有例外，存在 OIG 不经过受助机构调查，直接启动 NSF 自身调查程序的状况。如果某机构（包括受助机构）请求 NSF 延迟自身调查程序，那么必须保证其在90 天内完成初步调查。

与 NSF 不同的是，NSFC 对初步调查的程序规定相对简单，《处理办法（试行)》第二十一条明确规定了 NSFC 受理投诉和举报的机构是 NSFC 监督委员会办公室，负责对投诉举报内容进行初步调查核实，提出初步处理意见。NSFC 关于初步调查的规定主要涉及三个方面：一是对不属于 NSFC 受理范围的投诉举报信息，虽然不予立案受理，但是也要按程序上报监督委员会的副主任批准，存档备查；二是对属于 NSFC 受理范围的投诉举报（包括有事实依据的重要匿名举报)，要按程序报办公会议讨论或监督委员会副主任研究，对是否需要立案进行集体研究决定；三是涉及科学基金经费使用的举报，移交自然科学基金委审计部门处理。从该条查处程序规定来看，NSFC 的初步调查首要解决的是管辖权问题，即投诉举报是否属于 NSFC 受理范围的，比如说举报信息所列科研不端行为事实是存在的，但不属于国家自然科学基金委资助的科研项目，也不属于基金委监督委员会的受理范围。其次才是解决事实要素问题，经过基金委监督委员会的调查专员初步调查认定，存在科研不端事实的应当予以立案，由初步调查转入正式调查程序。NSFC 的初步调查主要是由监督委员会办公室调查专员负责完成，属于内部调查，查处规范中并未明确提出有相关行业专家顾问直接参与调查认定，因此，初步调查的质量要求相对比较宽松。同时，查处规范中也没有明确提出初步调查的完成时限。实践中，对于举报内容迟迟不见回应的情况并不少见，所以，从实施初步调查的空间设置和完成时限方面看，NSFC 都应当进一步修订完善，毕竟调查期限是科研不端行为调查程序的重要内容。从程序正义的视角来看，NSF 初步调查环节以外部调查为主，OIG 工作重点是对调查进行监督，必要时启动内部调查，而且明确规定了初步调查的完成时限，体现了程序合理性和程序的及时性原则。NSFC 可以借鉴 NSF 的相关做法，完善调查空间设置和完成期限，使科研不端行为初步调查程序更体现出程序正义的要求。

四　初步调查结论的价值

科研不端行为的初步调查是一种非正式调查程序，它是通过最快捷的调查手段对举报内容作出的初步审查结论，初步调查的结论仅是从举报材料角度作出初步的核实，尚未对相关的事实证据进一步调查取证和检验，因此，从调查的广度和深度上看，没有推导出科研不端行为的事实是否成立，也不是对科研不端行为结论的定性和最终判定。初步调查的结论是启动正式调查的重要依据，需要在较短的时间完成，从受理举报到调查结论的生成具有明确的完成时限，调查结论的主要内容，一方面是初步指出举报是否具有可靠性证据；另一方面是是否需要对科研不端行为展开进一步的调查取证，初步调查结论也是下一步制订正式调查方案的依据。

第三节　正式调查的程序和结论

一　正式调查的程序价值

如果科研不端行为的初步调查发现举报事实基本属实，有必要采取进一步的调查、验证和评估时，则宣告由初步调查程序切换为正式调查程序，标志着科研不端行为调查进入了新阶段，具体而又严密的调查程序随即开启。在科研不端行为查处制度中，科研不端行为的调查认定程序肩负着深入了解并查清事实真相，具有保障科研不端行为举报事实确认的功能，同时，科研不端行为的正式调查程序还具有确保调查结论公正、保障当事人参与性等程序性权利以及维护当事人尊严的程序价值。

正式调查程序具有工具性和独立性的双重价值：一方面有利于维护调查结论的公正性，使调查结果更具有社会公信力；另一方面有利于保障当事人的程序性权利和人格尊严，使当事人更愿意接受调查结果，减少抵触情绪，吸纳不满情绪。正式调查阶段的程序正义要素包括程序的参与性、裁判的中立性、程序的对等性、程序的合理性、程序的及时性和程序的终结性等。在程序的正当性方面，确保调查的程序公正、有效参与、程序效益、程序的可接受性和程序规范等原则。

二 正式调查的主体及空间设置

在各国的科研不端行为查处制度设计中，都对科研不端行为的调查工作的责任主体进行了明确，调查责任主体的设置主要有三种模式：一是基于行为人的成果归属规定的主体，即研究机构，如高等学校和科研院所等，主要适用于轻微的不端行为举报；二是基于科研资助规定的主体，即科研资助管理机构，如科技部、教育部、国家自然科学基金委、中国科学院等，主要适用于涉及科研资助项目和情节比较严重的科研不端行为举报；三是独立于研究机构和资助机构以外的第三方机构，如美国的研究诚信办公室，社会上有关学术团体、学会协会等，主要适用于案件具有复杂性且社会关注度高的科研不端行为举报。从介入调查的主体数量来看，比较普遍的是采取单主体负责制，即调查工作由科研不端行为被举报人所在的研究机构、科研资助机构或者独立第三方其中一个调查主体负责开展调查，当然，现实中也存在例外，比如说有的科研不端行为案件的举报信息在不同主体间实现了共享，两个调查责任主体协同参与，组建科研不端行为联合调查组，两个调查责任主体都派出行业专家参与，共同完成正式调查程序。

从正式调查的空间设置来看，研究机构所开展的调查活动属于内部调查，由于调查主体是基于被举报人的科研成果归属和人事关系设置的，调查主体与调查对象之间存在明显的利益冲突，无论调查程序是如何的公正、完善、规范，其最终的调查结论都缺乏社会公信力和说服力，调查程序的规范性和调查质量的可靠性都备受质疑。当然，在科研资助的语境中，科研不端行为举报的受理主体可能是科研资助管理机构，资助管理机构作为调查责任主体所开展的调查活动属于外部调查：一方面，资助管理机构的科研不端行为调查工作更加专业化；另一方面，资助管理机构的科研不端行为调查程序更加规范、完善。但是近年来，随着科研不端行为愈演愈烈，举报数量呈现明显的增长态势，科研资助管理机构有点不堪重负，每年需要消耗大量的人力物力财力去调查科研不端行为举报。科研不端行为调查工作的现实困境，倒逼调查机制的创新。科研不端行为的正式调查应当逐步建立和完善多主体、立体式调查机制。调查机制的创新呼唤着新的调查机构的出现，能够独立于科研资助机构和研究机构两个查处主体之外新的调查主体，即与科研资助机构和研究机构不存在利益关系的第三方机构，一方面有利于克服现有查处制度中对调查空间的内外协调程序设计上的缺陷、调查工作的监督程序缺失和调查工作的专业化问题；同时有利于回避调查工作中的利益冲突、维护调查结论的可靠性、从而实现科研不端行为调查实体正义与程序正义的统一。

三 正式调查的回避和保密机制

回避是指与案件存在利害关系或与案件当事人存在特殊关系而不参加该案件的调查处理活动，其目的是防止产生徇私舞弊，确保案件能够得到公平公正的查处。回避制度是现代司法的一项基本制度，将回避制度运用到科研不端行为查处程序当中，既是正当程序和自然公正原则的应然要求，也是现代法治进步的体现。关于科研不端查处程序中是否需要遵循回避制度，在我国科研不端行为查处制度文本中有明确的规定。如国家自然科学基金委员会的《处理办法（试行）》第二十二条规定：……调查组进行调查……，严格执行回避制度和保密制度。科技部的《国家科技计划实施中科研不端行为处理办法（试行）》第二十条明确规定了回避制度：专家组成员与调查人员不得与举报人、被举报人存在利害关系，如有利益冲突应当申请回避。在目前调查机构尚未独立的现实环境下，只有通过调查专家回避的制度设计来确保查处的程序正义。从我国科研不端行为查处实践来看，贯彻执行回避原则非常必要，因为许多被举报的科研不端行为人往往拥有较高的学术地位，其中不乏国内一流研究单位的大牌教授、明星学者，他们手中掌握了多个科研项目，有的项目科研经费可达数十万元，如果调查组成员与之存在利益关系，查处过程走走过场，可能导致其科研不端行为不能被及时公正地查处，使当事人逍遥法外，不仅损害了公共利益，而且破坏了学风。所以，从程序正义视角来看，坚持回避制度，能够在科研不端行为调查实践中切实维护公共利益和当事人的正当权益，避免公共利益受损。

从科研不端行为调查的程序正当性来看，无论调查工作的责任主体是研究机构、科研资助管理机构还是独立第三方机构，都需要维护调查程序的公正性和规范性，努力保护科研不端行为相关方的基本权利和合法利益，鉴于此，正式调查程序中需要完善回避和保密机制，最大限度地保证程序的参与性、程序的合理性、裁判的中立性、调查工作的保密性。正式调查程序启动的第一个环节就是成立调查组，调查组的工作人员构成上要考虑到该研究领域的研究人员（同领域专家需要 2 人以上）、管理人员（调查工作的组织协调）、法律专家（法律政策咨询顾问），程序上要认真筛查，与科研不端行为举报人或被举报人存在利害关系的必须排除，严格执行回避机制，调查组成立后，要依照有关程序主动告知举报人和被调查对象有关信息，包括调查组成员的姓名、工作单位、业务专长，举报人和被举报人均可对调查组组成人员提出异议，按回避要求进行调整。在一定范围内，公开调查组的成员既是对程序正义的基本原则的遵循，也是主动接受科学共同体和社会监督的重要途径，能够提高查处结果的社会公信力，赢得社会公众对科研不端行为治理的信任。

此外，科研不端行为的举报是一件非常严肃的事情，不论最终的调查结果如何，都会给科研不端行为的当事人及其所在研究机构产生不同程度的负面影响，受理部门及其参与调查人员对此应有清晰的认识，在实际调查程序中，既要保证调查程序正常开展，又要严格遵守保密职责，严禁调查组专家或者调查主体的工作人员在尚未产生正式调查处理结论之前，通过有关媒体或者自媒体等形式对外披露任何有关调查的进展或细节，更不容许媒体介入采访相关当事人及调查组成员，避免因保密机制的不完善导致专家不能客观理性地裁判，使调查的结论不是基于调查事实作出的专业性判断，而是基于媒体审判草率作出调查结论，最终因程序的不正义造成了调查结论的不公正，既影响了调查结论的可靠性和公信力，减损了调查程序的严肃性和公正性，也严重侵害被举报人的合法权益、损害了被举报人的尊严。

四 正式调查的程序内容及其要素

综观世界主要国家的科研不端行为查处制度，均对正式调查程序进行了详细的规定。美国的国家科学基金会与我国的自然科学基金委作为世界上两个重要的科研资助管理机构，在调查程序建设上既有共同之处，又各具特色。NSF 的正式调查是对事实内容进行正式的调查、检验和评估，以确定是否发生了研究不端行为，评估该行为的程度及影响，并评定拟采取的适当措施。按照 NSF 的政策，正式调查分为两条线进行，第一条线是外部调查，即 NSF 委托受助机构对科研不端行为指控进行调查核实；第二条线是内部调查，即 OIG 在任何时候都可以重新启动的科研资助机构自身调查。NSF 的通常做法是，OIG 不直接参与科研不端行为举报的调查程序，而是以独立监督的角色出现，OIG 委托和监督受助机构的正式调查，在接到外部的正式调查报告之后，OIG 将评估报告的准确性和完整性，以及调查程序的合理性，如果对调查结果不满意或者调查程序的正义性存在质疑，OIG 应当在收到调查报告起 30 日内决定启动自己的内部调查程序。如果 OIG 决定启动正式调查，它必须向被调查的个人或者机构送达书面通知。在 NSF 的调查程序中体现了美国的法律精神，充分保护被举报人的合法权益，就举报调查事项履行提前书面告知义务，使被举报人可以提前做好有关证据的收集整理，以及针对举报内容做好解释答辩的准备，使当事人能够富有意义地参与到科研不端行为的调查活动中，其人格尊严也能够得到切实尊重。

按照 NSF 的规定，OIG 对参与正式调查活动的专家提出了明确的要求，可以邀请查处机构以外的专家，包括外部顾问和行业专家，由官方对其进行委任，并提供法律保护。同时规定，参与调查的所有专家都要遵守回避制度和保密制度，调查组成员必须与举报人或者被举报人没有利害关系，如果有利益冲突或者潜在的利害关系，调查组成员应当主动申请回避，如果被举报人知晓调查组专家存在需要回避的情况而专家没有主动申请回避，也有权提出回避申请，总之，严格的回避程序，能够确保调查组专家可以从学术层面形成专业性评估意见，据此判断是否存在研究不端行为。OIG 在调查过程中，既要审查有关文件、报告和实验室资料、标本、记录等；也要访谈调查对象和证人，特别是要给予调查对象陈词的机会。NSF 还明确规定了正式调查程序的工作时限，OIG 须在启动调查程序的 180 日内完成。整个调查过程都采取了严格的程序确保了被举报人的权益。

NSFC 在正式调查程序制度方面，NSFC 的《处理办法（试行）》第二十二条对正式调查程序进行了比较详细的规定：首先是对需要立案的投诉和举报，成立专门的科研不端行为事件调查组进行调查。NSFC 还设计了正式调查程序的五大环节：成立调查组—查阅资料—调查取证—听取陈述申辩—撰写调查报告。NSFC 明确了在正式调查过程中需要注意两个重点环节：一是调查组的组成须遵循回避、保密制度；二是听取陈述申辩，充分保护被举报人的权益。通过比较发现，NSF 和 NSFC 正式调查程序中，共同之处在于两者都严格遵循回避、保密制度和赋予被举报人陈述申辩权。突出调查程序的中立性、合理性、保密性以及参与性，维护了当事人的人格尊严。不同之处主要体现在以下四个方面：其一是 NSF 实行外部调查和内部调查相结合的调查程序制度，当外部调查的结果不完整或者调查的程序不合理时，OIG 可以随时重新启动调查程序，由 OIG 进行内部调查，外部调查与内部调查互为补充、相得益彰，有力地保证了调查结果的准确性和调查程序的合理性。其二是 NSF 明确规定了专家组聘请顾问和行业专家参与调查，确保学术判断更准确、更专业，而 NSFC 提出专家组构成主要是职能部门工作人员和其他人员，其他人员是否包括行业专家顾问却没有明确，从中美两国国家基金会这方面规定的差异，可以清晰地看出在科研不端行为调查程序中，NSF 更加强调学术权优先的指导思想，专家意见代表的是专业的学术判断，NSFC 的调查组成员以职能部门的行政人员为主体，其他人员即便有行业专家顾问，其数量、质量和所占比例可能不会太过理想，其最终的调查结论的形成可能不是基于调查组专家的学术判断，而更多的是体现行政主导。其三是 OIG 在正式调查前向被调查对象送达书面通知，这一点非常明确地体现了程序正义原则：一方面它维护了当事人的知情权，使当事人能够提前为接受调查做好证据收集准备和解释答辩的思想准备，避免当事人像犯人一样被动地、毫无尊严地接受调查；另一方面也使当事人能够富有成效地参与调查程序，提高了调查组专家和被举报人之间互动的质量和问询式调查的效率。其四是 NSF 明确规定了正式调查的完成时限，这一点是程序正义的及时性和终结性原则，人们常说“迟到的正义为非正义”，就科研不端行为治理来说，即使查处的结果是正义的，如果过迟启动调查程序，或者过迟告知当事人调查结论，程序上的不正义将使调查结论成为非正义的。“突如其来的正义也是非正义”，意思是说，即使查处结果是正义的，如果过快完成调查程序，当事人可能没有机会富有意义地参与到调查程序中，未能为自己作出有利的辩护和解释，程序性权利和人格尊严没能得到尊重和保护。

五　正式调查的结论

科研不端行为举报的正式调查是以撰写调查报告为终点的。正式调查与初步调查的功能定位完全不同，初步调查的实施主体是受理举报的工作人员，属于非专业性调查，调查任务是核实举报内容的真实性、完成初步的事实认定，初步调查的结论是决定是否有必要进一步调查的必要；而正式调查的实施主体是同领域的专家学者，通过重复实验或同行评议形成学术判断，属于专业性调查，调查任务是深入了解并查明主要事实与证据，揭开举报事实的真相，正式调查的结论是为下一步采取相应的惩处措施奠定基础，提供前提和事实依据。NSFC 的《处理办法(试行)》第二十二条第五款对调查报告的撰写作出了规定，调查报告是由调查组负责撰写，报告的主要内容包括四个方面：一是调查对象与调查内容；二是调查获得的主要事实与证据；三是调查组与被举报人谈话情况；四是调查结论及处理建议等。由此可见，正式调查程序中，重点内容是根据举报进行调查取证，充分了解事实真相与证据，并使被举报人有效参与到调查过程中，给予充分的陈述事实和表达意见权利，被举报人可以就举报内容提出有利于自己的辩护意见，同时也可以对违规的情节轻重进行辩解，对查清的不端行为事实进行听证。正式调查报告在载明调查结论之外，还有形成初步的处理建议，为下一步实施惩处提供参考意见。因此，从程序上来说，正式调查报告具有承上启下的功能。

科研不端行为的正式调查报告应当涵盖以下几个方面的内容：一是开展正式调查工作的具体实施方案，针对科研不端行为举报事实的不同类型，采取不同的实施方案，有的属于被举报人申请科研资助时的个人基本信息造假，对于这种低水平造假，可以采取科研不端行为调查简易程序予以查证核实，如身份信息造假、学历学位造假、职称职务造假、工作经历造假、学术成果记录造假等。二是开展正式调查取证工作的步骤，对于项目研究阶段出现的伪造、篡改、剽窃等科研不端行为，需要通过调取文献资料、文件证据、实验原始记录、本人陈述、相关人员的证言及意见、重复实验等多个步骤才能完成整个调查过程。三是开展正式调查取证工作的方法，根据科研不端行为的类型和复杂程度，采取的调查方法各不相同，有的采取个别访谈法，访谈当事人、课题组成员或实验室相关人员；现场走访调查法，实际走访实验室，查看工作现场；重复科学实验法，通过当事人提供的研究程序和研究方法，采取重复科学实验来验证；同行评议法，通过同行专家对现有资料的分析推导和论证，形成专家鉴定报告。四是开展正式调查取证工作获得的事实描述，通过专业、细致的调查工作，最终查明当事人的违规事实和具体细节，调查报告应当详细描述当事人违规事实，避免案件申诉阶段，双方对事实部分仍然存在较大争议。五是阐明科研不端行为的违规情节，对于科研不端行为的严重程度、持续的时间、造成的影响、是否为当事人的主观故意等进行说明，这些情况记载是下一步确定惩处措施时的考量因素。六是开展正式调查取证工作期间采取的临时性行政措施，在调查期间发现了什么线索，采取了哪些应急性、临时性措施，实施的依据是什么，何时解除，用什么样的最终惩处措施取代了临时性措施。七是正式调查的最终认定结论，对正式调查过程做系统总结和调查事实的最终裁定，由调查组讨论形成一致的认定结论。八是正式调查小组形成初步的处理建议，作为直接参与调查的工作人员，对于科研不端行为的事实和情节掌握得最为完整、全面、清晰，可以依据现有法律法规政策，提出初步的处理建议。

调查报告既是对科研不端行为调查事实的最终判定，也是对整个调查过程中所有工作的系统化总结。笔者认为，调查报告要解决两方面的问题：一是调查组对科研不端行为举报事实的最终认定，对被举报人是否存在科研不端行为进行最终定性，如有不端行为，那么当事人的违规事实、性质和情节如何，包括严重程度、恶意程度、影响程度、是否初犯、认错态度等方面。二是调查组对调查程序是否科学规范，能够体现程序正义进行说明。在调查程序中，是否体现了对当事人的知情权、参与权、表达权和监督权的尊重，对当事人人格尊严保护程度，对调查结果形成的影响。总之，调查报告的撰写应当实事求是，力争体现科研不端行为调查的实体正义和程序正义完美统一。

第四节 临时性行政措施

一 临时性行政措施的程序价值

临时性行政措施是指行政机关依据有关法律法规规定，在某种特定情况下，对特定行为实施临时性限制或者禁止的措施，待这种特定情况消失后，取消对特定行为的限制或者禁止措施。临时性限制和禁止措施是国家有关部门行使管理职能时使用的一种特殊的应急性措施。在科研不端案件实际调查工作中，往往因为案件情况复杂，需要进行一系列的重复实验检验方可得出最终结果，存在调查取证工作持续的时间较长，被举报的科研不端行为部分事实已被确认，但尚未形成最终的查处结论，为了防止科研不端行为的进一步蔓延和发展，有效避免当事人在此期间浪费科研经费，造成科研资源的不当使用和流失，科研资助管理机构可以在正式调查的任何时候，对科研不端行为调查对象实施临时性行政措施，在遵循有关法律法规的情况下，可以通过适时启动临时性行政措施，由科研资助管理机构启动中止程序，中止科研资助和暂停被举报人的研究活动，切实维护有关各方的权益：一方面，保证科研不端被举报人未决的申请进入正常评审程序；另一方面，保护科研资源不流失、科研资助资金不被继续滥用。从程序正义的角度来看，临时性行政措施既维护了被举报人的个人合法利益，也保护了社会公共利益，在两者间实现了利益平衡，充分体现了程序的合理性原则。

二 临时性行政措施的内容分析

通过对主要国家的科研不端行为查处制度文本梳理可见，美国和日本都在科研不端行为调查阶段设置了具有可操作性的临时性行政措施，其中，美国国家科学基金会在采取临时性行政措施方面做得最为完善，当然，这与美国的法律和司法特征分不开，特别是美国注重利用公平的法律程序维护各方权益这一理念。美国国家科学基金会在对科研不端行为的初步调查之后、正式调查期间，必要时由基金会的副主任决定是否采取临时性行政措施，以保护联邦资源或者制止研究不端行为的继续发展。

总体而言，美国的科研不端查处机构对科研不端行为嫌疑人严格遵循“无罪推定”原则，从而有效地保护了科研不端行为嫌疑人的权益免受侵犯。这一原则尤其体现在调查程序中，NSF 采取适当的临时性措施，保护未决的资助申请不被延期评审，避免可能牵连的资助申请的评审受到负面影响。此外，在正式调查期间，NSF 根据被举报人科研不端行为的事实情况，由 NSF 副主任来决定采取一些临时行政措施，如全部或部分中止资助、中止申请联邦资助资格、禁止或限制特定研究活动、要求提供特定证明以确保符合相关资助法规条款、暂缓拨付经费、暂缓未决资助、限制或中止担任国家基金会的评审专家顾问或咨询人员等，这些决定一般以建议的形式由 OIG 发布，以保护联邦资源或者制止被举报的研究不端行为的继续发展。

按照 NSF 规定，对于涉嫌的科研不端行为，只要还没有形成最终的结论，原则上不会导致对资助申请的延期评审，评审专家不被告知该申请正在接受初步或正式调查，当科研不端行为被举报的消息在社会上被传开，OIG 需要与项目管理官员和总法律顾问办公室进行联系协调，采取临时性的保护措施，如通过延期评审科研资助申请，通知评审专家忽略举报消息的不良影响，或者把事件的调查情况告知评审专家。NSF 给被举报人一种信心，那就是他们的权益是受到保护的，他们的资助申请没有因为接受调查而受到影响。

从我国的科研不端行为查处法规制度设计来看，对正式调查程序中的临时性行政措施设置相对不足，导致不端行为的纠正时间被延误，常常因未能及时采取临时性措施而造成科研不端行为继续发展。如国务院制定的行政法规《国家自然科学基金条例》（以下简称《条例》），其中第三十五条规定也体现了临时性行政措施，科研基金项目的负责人或者参与者违反本条例规定，由科研基金管理机构给予警告，并且暂缓拨付基金资助经费。从该条“由基金管理机构给予警告”的规定来看，只是针对科研不端行为违规情节较轻微的相关人员提醒注意、不要再犯，警告可以是口头的，也可以是书面的，由管理机构选择使用，警告措施并未影响相对人的实际研究活动；再从“暂缓拨付基金资助经费”的规定来看，临时措施仅仅是着眼未来，科研基金项目剩余的资助经费暂缓拨付，中止拨付并不意味着已经拨付部分资助经费暂停使用，也没有明确规定该资助项目研究是否继续下去，已经拨付的经费可否继续使用。

从《条例》来看，临时行政措施更多的是体现教育与惩处相结合的原则。从“管人、管事、管财”三方面来看，NSFC 做到了“管财”，即对基金资助经费的暂缓拨付，忽略了“管人、管事”，也就是说，没有对研究人员及其特定的研究活动进行具体规定或限制，而 NSF 的临时行政措施就显得更加全面，涉及限制或中止担任专家顾问资格、中止申请联邦资助的资格；禁止或限制特定的研究活动；暂缓拨付经费、暂缓未决资助等。可见，NSFC 在调查程序中的临时行政措施尚属薄弱环节，需要加强制度设计来督促被举报人及时纠正科研不端行为。

三 临时行政措施的审查修改

在科研不端行为调查过程中的任何时候，只要发现事实基本确定，具有采取临时行政措施的必要性，即可依据程序开启临时行政措施，临时行政措施是为阻止科研不端行为的继续发展、防止科研资源浪费而采取的一种紧急措施，随着调查工作的进一步推进，对于事实真相的不断接近，从各方利益保护的角度来看，有必要及时对已经采取的临时性行政措施进行审查，如有不妥之处，应当修改、变更或者取消，临时性行政措施具有临时性的属性，可以在调查取证的过程中，依据查实的科研不端行为事实、被举报人的陈述，由研究机构或者科研资助机构对科研不端行为人采取一些应急性、过渡性的行政措施。

四 临时行政措施的解除和终止

临时行政措施是在科研不端行为举报调查活动中，采取的具有应急性、过渡性、保护性的措施，属于中止性措施，而不是具有确定性的终止性措施，其程序设置的初衷是希望更好地管理科研资源、减少科研资助风险、防止科研基金流失。在科研不端治理实践中，随着科研不端行为正式调查的深入，事实真相逐渐浮出水面，调查结论和处罚决定的形成，临时性行政措施将被宣告解除和终止，其法律效力随即终止，当科研不端行为事件最终的处理决定一经作出，原来的临时性处罚措施就自动被最终的处罚措施替代。临时性行政措施不同于终结性处理措施，从用词上来看，一般使用“中止”或“暂缓”等字眼；从法律效力上来看，临时性行政措施没有最终的法律效力，因此，NSF 明确规定临时性行政措施免于申诉。

本章小结

本章内容主要是对科研不端行为调查程序的分析，以科研不端行为调查程序的发生先后为序，分别从举报和受理、初步核实调查、正式调查和临时行政措施等阶段性程序进行分析，重点比较了中美两国主要科研资助管理机构现有查处制度文本中科研不端行为调查程序的异同，既肯定了国内有关政策制度所具有的特色和优势，同时也指出了国内有关查处制度文本存在的有待改进之处。

第四章　科研不端行为处理程序分析

对科研不端行为的进行处理是科研不端治理工作的第二个核心环节，是指科研不端行为查处主体基于正式调查结论所认定的违规事实和情节，依据相关的科研不端行为查处制度，按照一定的实施程序，对科研不端行为责任人实施的具有惩戒性的措施，其中不仅包括对科研不端行为责任人、参与人的处罚，也包括对涉及科研不端行为的科研资助项目的处理。本章主要从程序正义相关理论的视角探讨科研不端行为处理的阶段性程序，涵盖处理决定的形成程序、申诉复议等救济程序、处理结果的披露程序、处理措施的衔接程序等环节，以及对美国在科研不端行为处理方面的特色做法进行了系统的分析介绍。

第一节　科研不端行为处理决定的形成程序

一　正式调查结论的评估认定程序

科研不端行为正式调查结论形成以后，查处工作即由调查阶段切换为处理阶段，研究机构和科研资助管理机构对正式调查结论的评估认定，是处理主体制作处理决定和实施惩戒性措施的必要前提。科研不端行为的处理，是指科研不端行为查处主体基于正式调查结论所认定的违规事实和情节，依据相关的科研不端行为查处制度，按照一定的实施程序，对科研不端行为责任人实施的具有惩戒性的措施，其中不仅包括对科研不端行为责任人、参与人的处罚，也包括对涉及科研不端行为的科研资助项目的处理。对于涉及科研资助项目的科研不端行为案件，应当由科研资助机构和研究机构共同完成科研不端调查报告的评估认定程序，下一步惩戒性措施的落实也需要科研资助机构和研究机构按照项目和责任人的管理权限协调配合、分工实施。

在科研不端行为的查处实践中，为了维护查处结果的公平正义，通常把调查机构与处理机构分离，调查机构组建的调查小组（委员会）在完成正式调查并将调查报告交给处理机构之后，调查程序即宣告结束。处理机构在接到调查机构提交的调查报告后，首先要做的事情就是对调查报告进行评估认定，通过对调查报告的内容进行专业的评估和核查之外，还要对整个调查是否遵循程序的合理性进行审查，防止调查结论存在不当之处，这也是形成处理意见的必经程序。在比较复杂的科研不端行为调查报告中，处理机构工作人员的评估认定程序仅限于行政程序上的审查确认，最终作出行政判断，因此，评估认定的程序不是对调查报告重新进行一次专业性的裁判，而是进行一次法律意义上的审查，这是维护调查报告准确性、可靠性和公信力的必要程序。

二　处理决定的形成程序

从中美两国主要科研资助机构的处理实践来看，NSF 在接收到外部的正式调查报告之后，OIG 将评估调查报告的准确性和完整性，以及对调查主体是否遵循合理的调查程序进行评估，OIG 采纳调查结果或者在 30 天内 OIG 决定启动自身的内部调查，并且根据调查结果形成处理建议，再提交给 NSF 的副主任。NSF 的处理程序按照是否存在不端行为可以分为两种情况：一是正式调查表明不存在研究不端行为的处理；二是正式调查表明存在研究不端行为的处理。当正式调查确定不存在举报的研究不端行为或证据不足导致无法认定，OIG 将调查结果及时通知被调查者和举报人，已经采取的任何临时性行政措施随即被取消，必要时采取措施消除或减少当事人因接受调查而受到的负面影响。当正式调查确定存在研究不端行为时，案件调查过程中 OIG 考虑的任何禁止措施将成为合理的处置措施时，按照美国联邦政策，进入禁止和中止程序。另外，被调查者在收到 OIG 提供的调查报告后 30 天内可以提出意见或申辩。OIG 将向 NSF 副主任提交调查报告、被调查者的意见或申辩以及处理建议。NSF 的副主任将审查正式报告以及 OIG 提出的处理建议。在正式发布处理决定前，NSF 的副主任可以启动进一步听证或者调查程序，一般在接到 OIG 的处理建议 120 天内，或者在进一步听证或者调查程序结束后，基金会副主任将向受影响的个人或者机构送达书面处理决定，具体说明采取的措施。该决定还包括如何向基金会主任申诉的说明。

国家自然科学基金委员会的《处理办法（试行）》第二十三条、第二十四条规定了处理决定的形成主要包括三个程序要求：第一，提出处理意见，NSFC 的监督委员会办公会议在讨论和审议调查组所提交调查报告的基础上提出处理意见。第二，做出处理决定，NSFC 的监督委员会常委会在讨论和审议办公会议提出“处理意见”的基础上，做出处理决定；对于重大科研不端行为事件的处理，须提交全体会议进行审议。第三，签发处理决定，监督委员会的处理决定做出以后，由监督委员会主任或主任委托的副主任签发，由监督委员会办公室分送有关部门、单位或个人。从以上规定可以看出，科研不端行为处理决定的形成程序中始终体现了集体讨论作出决定，即决策由一个集体负责，而不是某一个人决定，这种集体领导和常委会制是民主集中制的生动体现，与我国的现实国情和文化背景相适应。按照我国相关法律规定，NSFC 享有对其资助的科研项目中出现科研不端行为的处罚权。依据我国《行政处罚法》第三十一条、第三十二条规定，行政处罚决定程序中需要遵循两个程序：一是告知程序，即行政机关告知当事人处罚决定；二是当事人有权进行陈述和申辩。前者维护了当事人的知情权，后者确保了陈述申辩权，两者都是实施行政处罚决定的核心程序。在科研不端行为处理决定形成中遵循这两个规则和程序，既是遵循《行政处罚法》的法定程序要求，也是维护科研不端行为处理程序正义的必然要求。

通过对 NSF 和 NSFC 在处理决定形成的程序进行比较，可以发现 NSF 和 NSFC 在处理决定形成上存在三点差异：一是 NSF 对正式调查表明不存在科研不端行为的情况做了程序性的规定，而 NSFC 对存在科研不端行为进行程序规定，忽略了指控事实不存在的可能性，相对而言NSF的程序规定更加细致周密。二是NSF明确了有关申辩、提交处理建议、做出处理决定等的完成时限，NSFC则没有明确完成的时间限制，可能是基于实体正义优先的考虑，忽略了程序的及时性和终结性要求。NSF在形成处理建议前听取被调查者的意见或申辩，以便修正调查报告或处理建议，使调查报告和处理建议更加准确，NSFC虽然也对听取被调查者的意见或申辩作出了明确规定，但是时间安排上是放在签发处理决定和送达之后，这样可能就不利于形成一个严密的处理决定。三是NSF的最终处理决定是由NSF副主任个人做出的，而NSFC的最终处理决定是由NSFC的监督委员会常委会集体审议后做出的，一般来说，通过集体讨论作出的决定比起一个人作出的决定会更加民主、更加科学，体现了民主集中制原则，所以，NSFC对处理结论的形成程序规定更加科学、更加正义。

三　处理结论的告知程序

依据《行政处罚法》有关规定，行政处罚决定形成以后，行政机关需要遵循告知义务，即行政机关告知当事人处罚决定，既维护了当事人的知情权，也为当事人决定下一步是否需要采取救济措施奠定了基础。在科研不端行为查处实践中，科研不端行为查处主体应当履行法定义务，主动以书面形式告知科研不端行为当事人该事件的调查处理结论，包括调查的方法、调查的结论以及作出的相应处罚决定，维护当事人的知情权，参与权、表达权和监督权。处理决定的告知对象也不能拘泥于科研不端行为被举报人，还应当包括科研不端行为举报人，以及有关的研究单位、资助单位，甚至包括相关的学术期刊等出版单位。处理决定是一种正式的文书，因此告知的形式要采取书面形式。科研资助机构和研究机构应当在作出处理决定后，应当于第一时间制作处理决定书，并向当事人送达书面的科研不端行为处理决定告知书，该告知书的内容应当包括三个方面的具体内容：一是科研不端行为调查结论（主要违规事实）；二是科研不端行为处理决定的内容及理由说明（依据的处理制度）；三是告知科研不端行为人享有的申诉救济途径及程序和时间要求。当事人在签收处理决定书后，如果在规定的申诉期内未进行申诉救济，那么这份处理结论也就成了该案件最终的处理结果。

第二节 科研不端行为处理的救济程序

科研不端行为处理决定送达以后，如果有关个人或者机构认为具体处理决定侵害其合法权益，可以通过行使救济权来维护自身正当权益。科研不端行为处理的救济程序，是指当事人依法采取措施消除侵害的程序，请求处理主体依法依规对处理中的不当行为实施纠正，以保护当事人的合法权益，是现代法治国家保护查处对象合法权益的一种不可或缺的制度。科研不端行为查处中的救济程序是以当事人的申请而发生，是对已经作出处罚决定的一种补救行为，也是对科研不端行为处理的纠正，属于内部监督程序。科研不端行为人在收到科研不端行为处理决定告知书后，认为其合法权益受到侵害，如调查结论与事实不符、处理决定形成的理由不充分，或者科研管理主体作出的处理决定过重，都可以按照处理决定告知书提供的申诉救济途径，在规定的时间范围内，按照一定的程序向负责接受申诉救济的科研管理部门提出申请，要求有关部门重新审查所作出的行政行为，有关行政部门需对具体行政行为启动审查程序，如确认具体行政行为存在不当之处，应当及时进行补救，可撤销或变更处理决定，亦可责令行政主体在一定期限内重新作出处理决定。对科研不端行为处理的救济有两种程序：第一种是正式发布处理决定前的听证程序；第二种是正式发布处理决定后的申诉程序。

一 听证救济途径

听证程序源自于英美国家的“自然公正原则”，听证制度是行政程序法的核心制度，是西方国家优秀的程序法律传统，体现了对正当程序和社会公平的价值追求，现已为世界各国所广泛采用。听证是指行政机关为了体现执法公正、管理民主，更好地查明案件事实真相、更加公正合理地实施行政处罚，在作出行政处罚决定前，由本案以外的工作人员主持召开有关利害关系人参加的听证会，公开听取行政相对人陈述、申辩和质证的程序，具有维护行政相对人的合法权益和防止行政权力被滥用的功能。在科研不端行为的调查处理过程中，引入听证制度，赋予被调查对象举行听证会的权利，使其拥有充分而直接的表达权，在形成最终处理决定前能够陈述客观事实，并从自身利益出发提出包括个人价值取向的主观意见。从某种意义上说，实施一套完善的科研不端行为听证程序，有利于弄清科研不端举报的事实真相、有利于维护科研人员的合法权益、有利于控制行政权力滥用、有利于加强有关各方的沟通交流，保证客观公正地调查处理科研不端行为。

听证制度在西方国家有比较悠久的历史，但是最早将听证制度引入科研不端行为治理的国家是美国。早在 1981 年，美国为了有效应对科学界出现的科研不端行为案件，美国众议员戈尔（A. Gore）组织召开了历史上第一次有关科研不端行为的听证会，从此听证制度成为美国科研不端行为治理中的一项基本程序制度得以确立，并且在后来的科研不端行为治理实践中不断得到完善。科研不端行为听证制度是专门为保护合法权益受到侵害的有关个人和机构而设计，是指在科研不端行为处理决定形成之前，相关责任主体（个人和机构）被赋予就有关事实真相进行描述、申辩、质问和反驳的机会，申请举行听证会是科研不端行为相关主体获取救济的重要途径，其突出特点就是注重保护利益相关者的合法权益。

1996 年我国颁布实施的《中华人民共和国行政处罚法》，引入了西方法制文明成果中的正当程序元素，实现了一个重大突破，首次在我国行政法律领域确立了行政听证程序，彻底改造了我们传统的“重实体、轻程序”思想，不再将程序视为实现实体正义的手续。听证程序在保障行政相对人参与管理、规范和控制行政权力的行使方面发挥了重要的作用，为实现社会公平正义开辟了一条新的路径。自听证制度被引入国内以来，逐渐得到了社会各方的认可，二十多年来，听证程序已经被运用于许多领域，如立法程序和公共决策程序，已经成为社会公众参与社会公共权力运行机制的一种重要形式。但由于对听证制度的规定还比较粗略、笼统、抽象，缺乏比较详细的配套规定，在实际操作中，还有许多需要进一步完善的方面。

近年来，国内治理科研不端行为法律法规和规章制度相继出台，全国人大制定了《中华人民共和国科技进步法》和《中华人民共和国学位条例》，国务院制定了《国家自然科学基金条例》，科技部制定了《国家科技计划实施中科研不端行为处理办法（试行）》，教育部制定了《高等学校预防和处理学术不端行为办法》，国家自然科学基金委制定了《国家自然科学基金委员会监督委员会对科学基金资助工作中不端行为的处理办法（试行）》，中国科学院制定了《中国科学院对科研不端行为的调查处理暂行办法》等，这些制度文本对听证程序制度虽有提及，但并不完善。科技部的《处理办法（试行）》第二十四条规定明确提到了听证会，但是举行听证会也有一个非常重要的前提条件，即“科研不端行为事件的影响力重大或争议较大的，可以举行听证会。……听证会由调查机构组织。”《处理办法（试行）》于2007年1月1日正式实施，科技部也是国内科研不端行为处理制度中最早引入听证程序规定的科研管理部门。教育部2016年6月16日发布了第40号令——《高等学校预防和处理学术不端行为办法》，其中第二十一条规定：“调查组在调查过程中……；认为必要的，可以采取听证会方式。”国家自然科学基金委员会监督委员会2005年3月16日审议通过了NSFC的《处理办法（试行）》，其中第二十二条规定虽然没有明确提到听证会，但是也强调了调查组必须认真听取被举报者陈述事实和申辩意见，保护被举报人的合法权益。通过对以上制度文本分析，我们不难看出，科技部的《处理办法（试行）》和教育部的《办法》都对听证制度或程序直接提及，而国家自然科学基金委员会监督委员会只明确要听取意见，至于是采取听证的形式还是其他形式听取意见尚不明确。当然，我们也可以将听证分为两种形式：一种是正式组织正规的听证会，公开听取当事人陈述和申辩意见；另一种是非正式地听取当事人陈述和申辩。总而言之，听证是指在调查处理过程中听取当事人和利害关系人意见的一种程序，体现的是程序正当，是维护当事人合法权益的核心制度保障。国内在科研不端行为治理中探索引入听证制度，规定了在案件的处理过程中，赋予调查对象申请听证的机会，无疑说明了国内科研不端行为治理逐步走向法治化、规范化、程序化。任何一种新生事物的成长都需要一个过程，科研不端行为治理中的听证制度也不例外，对于科研不端行为的听证会，听什么？谁来听？怎么听？等一系列具体的操作问题，还有待于在理论和实践中进一步去研究完善。

二　申诉复议程序

科研不端行为的处理决定是科研资助管理机构和研究机构依据自身管理职能，对科研不端当事人行使的具有行政处罚性质的惩戒性措施，当事人对行政处罚措施不服的，可以向科研资助管理机构和研究机构提出申诉。在 NSF 对研究不端行为进行最终认定以及根据该认定采取最终措施之前，NSF 应正式告知被控告的个人或者研究机构提出申辩和驳斥的机会以及申诉的机会。复议程序是有效维护当事人权利的重要途径，美国在治理科研不端行为的制度中明确了当事人具有申诉或行政复议权，并且有一套相对完善的申诉复议程序性规定。NSF 规定的申诉制度包括以下三个方面的程序内容：一是在接到基金会副主任书面处理决定后的30 天内，受影响的个人或者机构可以以书面向基金会主任申诉。如在 30 天期限内没有申诉，基金会副主任的处理决定将成为 NSF 最终生效的行政决定。二是如果提起了复议，NSF 的主任可以指派一个没有参加过该案的基金会官员或者雇员审查复议并提出建议。三是 NSF 的主任一般在接到申诉后的60 天内通知申诉人最终的决定，该决定将是 NSF 最终的行政决定。

《中华人民共和国行政复议法》第十四条对行政复议的救济途径作了明确规定，对国务院有关部门作出的具体行政行为不服的，可以向该部门申请行政复议。作为国务院直属单位的国家自然科学基金委，对科研不端行为处理程序进行了明确规定，当事人对科研不端行为处理决定有异议的，可以通过行政复议途径进行救济。国家自然科学基金委的

《处理办法（试行)》第二十五条专门针对救济途径作出明确规定，对科研不端行为的处理决定存在异议的，可以书面形式向作出处理决定的监督委员会提出，复议的时限是收到处理决定的20天内。监督委员会在受理申诉后的20天内予以答复。如果监督委员会受理后作出了维持原决定的复议决定，那么之前作出的处理决定就是事件的最终处理结果。如果20天内当事人未提出异议的，则意味着放弃行政复议权，处理决定自动生效。对于未提供新的事实和证据的行政复议，复议机关只受理一次；对于提供了新的事实和证据的复议，按照规定程序由复议机关重新受理和办理。

通过对中美两国主要科研资助机构的制度文本比较分析可以看出，NSF和NSFC都有一套相对完整的申诉复议程序性规定，对申诉有明确的要求，一方面是申诉的时限要求，NSF规定的是30天，而NSFC规定的是20天，说明NSFC更加注重申诉程序实施的及时性；另一方面是形式要求，NSF和NSFC都明确要求以书面形式提出申诉。此外，NSF和NSFC在提起申诉的主体和受理申诉的主体规定方面略有差异，NSF规定受处理决定影响的个人或者机构都有权向基金会主任申诉，NSFC没有明确规定提起申诉的主体，因此对不端行为处理持有异议的个人或者机构应当都有权向监督委员会提出申诉，NSF受理申诉的是个人，而NSFC受理申诉的是委员会，属于集体，造成这种差异的原因并不复杂，因为NSF和NSFC的处理决定也分别由个人和集体作出，受理申诉存在同样的差异，完全是顺理成章的事情。从程序正义的角度来看，NSF和NSFC都遵循了程序参与性和程序及时性原则。

三 申诉复议处理程序

通过对中美两国主要科研资助机构的查处程序制度文本的比较，可以看出，中美两国对科研不端行为处理的救济程序都非常重视，许多查处制度都明确规定了申诉复议的处理程序。从NSF和NSFC的申诉复议程序制度看，申诉程序制度规定了受科研不端行为处理决定影响的个人或机构，需要采取书面的形式向受理申诉的有关主体进行申诉，负责受理申诉的个人或机构则需要明确告知当事人申诉复议的处理时限，如果当事人放弃申诉就意味着原处理决定自动生效。NSF 规定基金会主任处理申诉的时限为 60 天，而 NSFC 规定监督委员会在 20 天内对申诉予以答复，说明监督委员会对申诉的处理具有较强的时效性。NSF 虽然没有建立一个专门的申诉处理委员会，但是 NSF 为了提高行政复议案件的办理质量，特意设置了一个回避程序制度，对于当事人提起的申诉复议，NSF 的主任指派一个没有参加过该案的基金会官员负责处理有关申诉复议事宜，从程序上确保申诉请求得到重视，并按照有关规定对申诉意见进行审查，对于处理决定存在不当之处的要及时进行纠正、撤销等处理，体现对当事人人格尊严的尊重和保护。NSFC 在申诉复议程序中，虽然没有设置回避程序来保证申诉受理得到公正地处理，但是由监督委员会受理申诉，体现了集体讨论研究、民主集中、会议决定的组织原则，也具有一定的科学性。NSFC 还强调了当事人未提供新的事实和证据，只受理一次，说明提供新的事实和证据对改变原处理决定具有非常重要的价值。此外，NSFC 还规定所有投诉和举报的处理结果应及时通知投诉和举报者。从程序正义的角度来看，NSF 和 NSFC 都遵循了程序合理性、程序及时性和程序终结性原则，能够做到尊重和保护申诉的个人或者机构有机会表达自己的诉求，维护了当事人的程序性权利和人格尊严。

第三节　科研不端行为处理结果的披露途径与程序

一　处理结果的披露途径

NSF 会将科研不端行为的处理结果通报到受助机构，调查报告和案件收尾备忘录是在封闭的情况下提供给公众，这些报告和备忘录已经根据《情报自由法》和《隐私法》公开披露，这意味着在大多数情况下，信息的可识别对象或证人已被删除处理。在 NSF 的 OIG 网站上设有“Search Case Closeout Memoranda”专栏，公众可以基于案件编号或案件分类进行检索查阅，专栏内容包括对研究不端行为当事人简介，不端行为主要事实描述及相应处理决定。通过对外发布的方式，使更多的人了解案件的处理结果，能够起到吸取教训、举一反三、真正达到警示教育作用。调查和裁定研究不端行为的所有资料由 NSF 保管，并且免于向公众公布，这是符合美国有关法律法规要求的。

NSFC 对存在严重科研不端行为的案件处理结果进行通报，NSFC 对通报的方式又进一步的进行了细化，根据科研不端行为的严重程度、主观恶意和具体违规情节轻重等因素，将其细分为内部通报批评和通报批评，内部通报批评是一种小范围的公开通报，一般是指在科研资助机构 NSFC 内部及发生科研不端行为的研究单位范围内公开通报情况，并且提出批评意见，希望大家引以为戒；通报批评是一种外部公开通报，一般是指除了在研究单位公开通报处理结果之外，还在 NSFC 网站上公开发布，通报的范围无限大。对于科研不端行为人存在主观恶意、违规情节严重、影响比较恶劣、社会关注度高的典型案件，在 NSFC“监督委员会处理决定”专栏上面发布，专栏内容包括不端行为主要事实及处理决定。通过对外公开通报，达到惩戒与警示教育的双重功效。

从科研不端行为处理结果的公布程序来看，NSF 和 NSFC 在最终处理结果的公布程序上都是按照先通报到受助机构，即当事人所在的研究单位，再向社会公开发布消息的程序。相比较而言，NSF 的披露程序中对当事人的部分信息做一定的特殊处理，如在公开的处理结果中抹去科研不端行为当事人的个人隐私信息，体现了对当事人隐私权的保护。而 NSFC 对处理结果的披露则分为两类情况，一种是针对一般的科研不端行为事件仅仅做内部通报批评，只是在一定范围内公开，体现了对科研不端行为人以教育为主，惩戒为辅，希望以后引以为戒；另一种是对那些科研不端行为违规情节严重、影响比较恶劣、存在主观恶意、造成公共利益严重损害的事件才在专栏上公开发布。

二 处理结果的披露程序

“公开是常态，不公开是例外”是政府政务信息公开的基本原则，2013 年国务院办公厅专门出台了一个指导信息公开的文件《国务院办公厅关于印发当前政府信息公开重点工作安排的通知》，明确提出推动公共企事业单位信息公开，在实施政府信息公开的基础上，逐步扩展公共企事业单位的信息公开范围，其中明确指出高校和科研单位也是信息公开的重点领域。科研不端行为处理结果的信息披露制度，也称公示制度、公开披露制度，属于政务公开范畴。作为科研不端行为查处主体的高校和研究机构，主动公开处理结果，有利于提升查处信息的透明度，增强查处结果的公信力，维护社会公共利益，接受社会公众的监督。高校和研究机构依照法律规定，将其科研不端行为调查结论和处理决定等信息和资料向有关当事人和举报人通报，并向社会公开或公告，以便社会公众充分了解情况，是维护人民群众知情权、参与权、表达权、监督权的重要途径。

信息披露需要遵循一定的程序制度，披露的内容既包括调查结论的披露，也包括处理决定信息的公开，披露的内容主要由科研不端行为的主要事实、科研不端行为的处理决定和处理决定形成的主要依据三个要素组成。科研不端行为信息披露具有明显的强制性和单向性特征：一方面，科研管理部门代表的是社会公共利益，对已经查处完毕的科研不端案件，主动披露有关案件信息是其一项法律义务，科研管理部门在此方面自主权非常有限，没有商量的余地。此外，科研管理部门还必须对披露案件所有信息的真实性、准确性和完整性承担责任。另一方面，从法律上说，信息披露制度另一个特征是权利义务的单向性，即信息披露主体承担信息披露的义务和责任，社会公众享有获得信息和实施监督的权利。

科研不端行为查处结果的披露要遵循三个基本原则：一是客观真实性和完整性原则，客观真实和完整是信息披露内容方面的要求。客观真实性是科研不端行为查处结果对外披露需要坚持的首要原则，要求查处主体所披露的每个具体信息在质量上都有保证，即具有明确的资料来源，事实应充分、客观、公正，必须有相应的证据支撑。完整性是要求查处主体所披露的查处信息在数量上可以基本保证社会公众能够对案件形成足够的判断。二是及时性原则，及时原则又称时效性原则，是信息披露时间方面的要求。查处主体在科研不端行为案件结案之后，及时收集整理有关查处信息，由披露主体按照程序及时对外披露案件的有关信息，使关注此案件的人们和社会公众能够及时获取案件查处的结果。三是保护隐私原则，查处结果的信息公开与隐私保护两者之间并不矛盾，关键是要厘清信息公开与隐私保护的边界，既要做到案件查处公开透明，又要确保当事人的个人信息安全，因此，查处主体在信息披露前要加大对信息公开内容的审查力度，避免因为泄露当事人的隐私信息，如身份证号、家庭住址、联系电话等，而给其带来其他困扰。当事人的隐私保护不受信息披露的客观真实性、完整性和及时性原则的约束。

科研不端行为调查处理结果的披露，应当是在查处主体作出处理决定后第一时间告知当事人处理决定的事实、理由及证据，并告知相关当事人享有的权利及救济程序，有关当事人和涉事机构收到处理决定告知书后，可以依法依规提起申诉复议要求，通过正规救济途径维护自身合法权益，申诉复议的提出并不意味着只有查处对象一方，他既可以是被举报人及其所在研究机构，也可以是举报人这一方。高校或研究机构和科研资助机构可以依照一定程序对案件的处理结果对外公开披露，披露的途径很多，包括传统媒体和新媒体多种渠道，可以是通过官方网站、官方微博、微信公众号等方式对外公开发布、也可以通过新闻媒体或者官方的新闻发布会形式对外发布，还可以通过相关出版物发布处理结果，如有关的报纸或者学术期刊，特别是作者发表涉事论文的杂志。

科研不端行为查处信息的披露有临时性披露和终结性披露两种类型，披露需要遵循一定的程序规范，披露的主体可以是查处对象所在的研究机构，也可以是科研资助管理部门。在科研不端不同的查处阶段信息披露的主体、披露的内容也有所不同，在科研不端行为的举报受理阶段，特别是当举报人不是直接向研究机构或者科研资助机构举报，而是通过新媒体举报方式公开了科研不端行为，此时案件在各大媒体上不断发酵，网络负面舆情集中爆发的阶段，如无明确的受理主体，则案件当事人所在的研究机构应当启动科研不端案件临时性披露程序，主动对外披露有关信息，可由相应的宣传部门根据案件的情况适时采取适当的方式回应社会关切，如通过官方微博或官网公告的形式明确说明所在单位已经知悉案件，正在收集科研不端行为网络举报的主要事实和证据，目前已经启动案件调查程序，成立专家组负责进行调查核实，请大家耐心等待查处结论。此举可以缓解社会舆论场对科研不端行为的热炒，减少媒体对专业性案件形成媒体审判或者做出不当预判，避免因科研不端行为的披露程序不当给被举报人带来名誉损失。

第四节　科研不端行为处理程序的衔接研究

一　处理程序的衔接

国内外主要科研不端行为查处制度文本中提及了科研不端查处主体之间的沟通机制，这为高校或研究机构与科研资助机构之间进行科研不端行为案件处理程序的衔接提供了制度依据，也为处理程序的衔接提供了实践指导。然而，在科研不端查处实践中，各有关主体之间配合不够默契，处理程序流程衔接不够紧密，程序衔接的质量和效果并未达到制度设计者的预期效果。究其根本原因，不外乎是主观上认识不到位，客观上相关规定制定较为笼统、可操作性不强。如需解决这一问题，除了观念需要更新外，最为重要的是构建科学合理的程序机制，如建立科研不端行为案件的立案移送、受理与处理、处理措施的衔接等程序机制。

科研不端行为案件与其他类型的案件有所不同，在科研资助语境中，科研资助机构与依托单位（科研项目申请人所在单位）基于资助关系达成了行政合同，形成分担共管、相互协作的格局，科研资助机构的精力主要集中于项目的科学设定、审查、批准和后续服务上，依托单位作为科研项目资助合同的一方当事人，承担科研资助项目的监督管理责任，依法依规对隶属于依托单位的项目负责人和实际承担者进行日常管理。因此，科研资助中的科研不端行为查处具有双重查处责任主体，科研资助机构与依托单位要明确职责，合理分工，做好查处程序的衔接。在接到科研不端行为举报后，受理主体应当及时与另一查处责任主体主动进行沟通，互相通报事件进展，促进举报信息、调查证据和处理措施等信息在查处责任主体间顺畅地流通，查处责任主体共同启动处理程序，并根据实际需要建立有效的衔接机制。

通常而言，对于一般的科研不端行为举报，科研资助机构委托研究单位独立开展调查处理工作，并向其通报查处工作进展，必要的时候科研资助机构会派出专家或管理人员参与查处工作；而针对一些社会影响力较大、涉及科研经费数额巨大的科研不端行为举报，如近年来国外学术期刊针对中国学者的大规模撤稿事件，科研资助机构则直接介入调查处理，特殊情况下科研资助机构和研究单位成立联合调查组开展调查。总之，不论是研究单位的内部调查、科研资助机构的外部调查，还是内外结合的联合调查，都需要不同查处主体建立查处程序的衔接机制。

当然，在科研不端行为的查处实践中，不端行为虽然不涉及科研资助，但是查处工作也不一定都局限于某一查处主体，可能涉及科研不端行为人的学习和工作单位、学术期刊等有关主体，如北京大学于艳茹抄袭事件中，国际新闻界杂志社最先接到中国人民大学一位教师的举报，后经调查认定，北京大学历史学系博士生于艳茹抄袭事实成立。国际新闻界杂志社随即作出处理并刊发公告，其中包括三条处理措施：一是向作者相关单位通报抄袭情况；二是联系相关文献收录机构删除涉事论文的电子版；三是五年内拒绝其投稿。杂志社的查处工作是在接到科研不端举报后迅速启动，按照期刊防范和处理学术不端行为的相关规定进行的，在杂志社作出处理决定后，主动联系并通报作者相关单位，再由其对不端行为人做进一步的严肃处理，不同查处主体协同作战，形成打击科研不端行为的合力。由于于艳茹发表论文时署名单位是北京大学，而目前身份是中国社会科学院历史所在站博士后，从共同治理的角度来说，作者前后两个单位北京大学和中国社会科学院都需要进行再查处。对于艳茹来说，获得博士学位是做博士后的必要条件，因此，中国社会科学院在接到北京大学作出撤销于艳茹博士学位的处理决定后，根据《中国社会科学院博士后工作管理规定》，取消了于艳茹的博士后资格。国际新闻界杂志社、北京大学、中国社会科学院三个查处主体根据于艳茹学术不端的事实，按照各自的权限，分别进行了仔细核查和处理工作，剥夺了作者由涉事论文所获得的相关利益。从于艳茹事件的查处程序衔接来看，可谓环环相扣，最先是国际新闻界杂志社受理举报并查处，然后通报涉事作者发表论文署名单位及目前所在单位，北京大学随即展开调查和处理，最后是中国社会科学院依据北京大学的处理决定，进一步作出了取消于艳茹博士后资格的决定。

另外，近年来，科研不端行为呈现出新的类型和表现形式，由过去的科研过程中数据造假转向科研成果发表过程中同行评审造假。2012 年以来，国外学术期刊接连发现中国学者涉嫌大规模同行评审造假，国外出版集团多次撤销了的学术论文，仅 2015 年国内学者因同行评审造假被 BMC、Springer、Elsevier 出版集团大规模撤稿事件就发生了 3 次，撤稿数量达到 114 篇。为应对国际学术期刊论文被撤稿事件，一方面加强科研工作者的道德自律，中国科协联合教育部、科技部、国家卫生健康委、中科院、工程院、国家自然科学基金委员会等部门专门出台了《发表学术论文“五不准”》。另一方面对被撤稿作者开展调查处理，做好撤稿后续的处理衔接。然而，撤稿事件并未因“五不准”而停止，2017 年 4 月 Springer 出版集团发表了一篇撤稿声明，宣布撤销 2012—2016 年中国学者发表在《肿瘤生物学》（*Tumor Biology*）杂志上的 107 篇医学类论文。此次集中大规模撤稿事件，创下了正规学术期刊单次撤稿数量之最，在国内外学术界引起不小震动。

撤销论文是国内外学术期刊应对学术不端的一种常见处理措施，对被污染文献采取的补救措施，作为科学共同体的学术期刊，撤销论文不应是学术不端治理的结束，而是要进一步加强对被撤销论文的后续管理。一方面，学术期刊要将被撤销论文的相关信息通过一定的途径在一定范围内公开，撤稿信息至少应被同行业学术期刊所共享，按照被撤销论文所涉及的学术不端问题进行统一管理，如取消学术不端责任人在一定期限内的投稿与发表资格等；另一方面，学术期刊要主动向被撤销论文作者所在大学或研究单位以及相关科研资助机构通报撤稿有关情况，客观说明其学术不端行为的性质与涉及的问题，为相关科研资助机构或研究机构进一步处理或处罚相关责任人提供依据。同时，也为相关科研资助机构或研究机构启动查处程序奠定基础。

《肿瘤生物学》杂志集中撤稿事件发生后，国内科技界积极采取行动，首先，中国科协与Springer出版集团有关负责人进行沟通，主动了解撤稿事件的相关情况，双方明确表示加强在出版诚信方面的交流与合作，共同营造良好的国际科技期刊出版诚信环境。随后，国内科研管理部门启动了科研不端行为再查处程序，从程序上对接国外学术期刊的查处工作，科技部牵头成立了多部门参与的集中撤稿事件联合调查工作组，按照“五统一”的要求对撤稿论文逐一彻查处理，本次实行的“五统一”，即统一工作部署、统一彻查规范、统一核查程序、统一处理尺度和统一工作进度。国内学者在国外学术期刊发表论文被撤稿以后，绝不能一撤了之，因为他可能涉及科研资助，花了纳税人的钱交版面费；或是因为被撤论文获得了有关硕士博士学位、学术奖励、荣誉称号；或是评上了高级职称、遴选为研究生导师、提拔为党政领导；或是以此论文为研究基础获得其他的科研资助项目等，总之由涉事论文的发表所带来的一切利益都应当因论文被撤稿而被剥夺。所以，国内的相应处理措施要跟上，主动联系国际学术期刊，弄清论文的全部信息，对涉事作者和涉及的科研项目进行梳理，针对不端行为的事实，再进行仔细调查核实，弄清具体责任，再实施相应的处罚。作为涉事论文署名的研究单位和科研项目资助机构，要按照统一的工作部署，做好查处工作的衔接，查清涉事论文的所有作者参与造假的事实情况和具体情节，依据法律法规制度特别是本次统一的彻查规范，对所有涉事作者进行惩处。

二 处理措施的衔接

科研不端行为调查结论形成以后，作为查处主体的研究机构可以及时将案件查处过程中获取的主要事实和证据等书面材料共享给作为接受主体的科研资助机构。研究机构和科研资助机构则依据相关的法律法规和政策制度，基于科研不端行为违规事实，结合当事人的具体违规情节、严重程度、参与程度、恶意程度、影响程度等因素，对科研不端行为当事人和所涉及的科研资助项目实施相应的惩戒。科研不端行为当事人可能面临着来自两个不同处理主体作出的多项处罚，其处罚措施主要包括对科研项目的处罚和对责任人的处罚两种类型。在科研不端行为查处实践中，由于科研人员与所在单位之间存在人事劳动关系，科研不端行为人接受的处罚多是对责任人处罚；同时科研人员与科研资助机构之间存在直接的资助关系，科研不端行为人接受的处罚多是对项目处罚。

根据国家自然科学基金委员会《处理办法（试行）》第五条对处罚措施进行了明确规定，其中涉及个人科研不端行为的处理有六种：一是书面警告；二是中止项目；三是撤销项目；四是取消项目申请或评审资格；五是内部通报批评；六是通报批评。从此条规定可以看出，国家自然科学基金委的处理措施类型极其有限，虽然涉及项目罚和责任人罚两种类型，项目罚中存在中止项目和撤销项目两种情况，却没有提到科研经费如何处理，对于中止和撤销的项目，已经拨付的经费尚未花完的能不能继续使用，已经拨付的科研经费要不要按照原渠道追回等都不甚明确。此外，《国家自然科学基金条例》的第三十四条和第三十五条明确规定：科研项目的申请人、参与者伪造或者变造……不得晋升专业技术职务（职称）。可见，科研资助机构对个人存在科研不端行为的处理不仅涉及科研项目的中止或者撤销，还对责任人的专业技术职务晋升作出明确的限制，虽然体现了对相关责任人的严厉处罚，对于打击科研不端行为具有一定的积极意义，但是，这一处理措施混淆了科研资助机构与高校或研究机构的界限，导致了实践中由于缺乏实施主体，实施效果不明显的问题。

从“不得晋升专业技术职务（职称）”这一政策措施设计的初衷来看，是希望通过对责任人的职业发展空间进行限制，抬高科研不端行为的违规成本，让科研不端行为人为自己的不端行为付出较大的代价，从某种意义上说，能够降低科研不端行为案件的发生率。当然，科研资助机构的“不得晋升专业技术职务（职称）”制度设计，也为我们提供了另外一种分析视野，那就是科研资助机构与研究机构在实施惩处措施的时候必须做好衔接，避免出现科研资助机构政策措施越过权限。作为科研资助机构还是应当基于科研资助关系，对科研不端行为人实施科研项目罚，如项目的撤销或者中止，取消未决的项目评审等，以及在一定的期限内科研不端行为人不得申报或者参与申报有关的科研资助项目。至于研究单位可以基于人事劳动关系，按照科研不端行为的具体事实和情节严重程度，针对不端行为责任人采取多种手段予以惩戒，如内部通报批评、通报批评、撤销荣誉称号、撤销行政职务、解聘专业技术职务、禁止担任专家评委顾问等职务、对涉事论文进行主动撤稿、行政记过、开除等。

三　处理措施冲突的解决

在科研不端行为的查处实践中，处理措施出现交叉、重复甚至冲突是常有的问题，削弱了科研不端行为治理的严肃性和规范性，究其原因主要是处理措施衔接机制尚未建立。因此，解决处理措施冲突问题依据的原则是看政策制度的法律效力高低，一般来说，先是国家宪法和法律，然后是国家行政法规和部门规章，最后才是研究单位具体的政策文件制度。比如说，《国家自然科学基金条例》第三十四条规定："申请人、参与者……；情节严重的，3至5年不得申请或者参与申请国家自然科学基金资助。"同时，该基金条例的第三十五条又明确规定："项目负责人、参与者……；情节严重的，5至7年不得申请或者参与申请国家自然科学基金资助。"这些规定都是从科研资助机构角度对科研不端行为人进行了严格的资格限制，然而，有些研究机构基于人事劳动关系，从内部的政策制度中也对科研不端行为人的资格进行了限制。两者若不产生冲突倒也相安无事，可是在实践中就遇到了两个机构规定不一致，不知道应当遵循哪一条规定的问题。当然，略微有些法律常识的人都知道，此事并不难办，依据下位法服从上位法，只要看哪个规定的法律效力更高即优先执行便可，由于《国家自然科学基金条例》是国务院颁布的行政法规，而研究机构制定的内部政策文件仅仅是内部规定，两者出现冲突，理应以《国家自然科学基金条例》为准。

在科研资助语境的科研不端查处实践中，科研资助机构与研究机构需要依据各自权限，合理分工，各司其职，加强调查和处理工作的程序衔接，尤其是在对科研不端行为人的处罚措施的确定上，一定要事前做好沟通协调，打出惩治科研不端行为的“组合拳”，科研资助机构与研究机构最终确定的惩处措施应当是互补的。相反，如果科研资助机构与研究机构各自为政，分别实施一套调查和处理程序，最终来自两个不同主体的处罚措施会出现相互交叉、重复甚至冲突，既浪费了有限的科研不端行为查处资源，增加了科研不端治理成本，也有损科研不端查处的规范性、严肃性，降低社会公众对科研不端查处结果的认可度和公信力。因此，科研资助机构与研究机构必须构建一套程序上的衔接机制，既可以减少两个机构在科研不端行为查处中精力的重复消耗，也能避免处理措施上的矛盾、冲突，形成分工合理、职责明确、系统完备、科学规范、运行高效的查处程序运行体系。

第五节 美国科研不端行为处理的自愿排除和解程序研究

20 世纪 70 年代以后，科研不端行为在美国的频频曝光，引起了美国科技界、科研管理机构和联邦政府的高度重视，并作出了积极回应。通过制定和出台相关政策、设立专门机构、采取种种具体措施来防范和惩处科研不端行为，最终使美国在科研不端行为的治理方面走在了世界前列。美国在推动科研诚信、加强监督制度建设方面，开展了一系列卓有成效的工作。美国治理科研不端行为，是在遵循联邦政府有关法律规定的前提下，实施了一套行之有效的调查处理程序，美国研究诚信办公室（ORI：Office of Research Integrity）创新了科研不端行为的处理模式，在处理实践中广泛运用了自愿排除与和解协议，并取得了实效，通过对 ORI 治理科研不端实践所用协议文本进行分析，以期为我国科研不端行为的治理提供一些有价值的启示。

一 美国自愿排除制度的内涵与实践

（一）自愿排除制度的内涵

按照美国有关法律规定：自愿排除是指在个人同意的前提下，个人与一个或多个机构达成被排除在外的和解意愿，自愿排除必须具有政府层面的功效，自愿排除意味着本人已经同意在一定时间内自愿将个人的某种活动排除在一定范围之外。

（二）自愿排除制度的实践

美国卫生与人类服务部（HHS：Department of Health and Human Service）下属的公共卫生署（PHS：Public Health Service）于1992年设立了研究诚信办公室（ORI），其职责是维护PHS资助研究项目的有效运行，保证科研诚信是其主要职责。ORI成立后，将自愿排除制度运用于处理科研不端行为的实践中，由被举报人和PHS就科研不端行为处罚措施进行充分磋商，如果双方达成协议，就会签署一份自愿排除（和解）协议；如果协议没有达成，PHS将会实施带有强制性的惩罚措施。自愿协议是一种非强制性的措施，具有低成本、适应性强、灵活性好等特点，它可以有效地弥补行政手段的不足。

二　自愿排除和解协议的基本框架

自愿排除协议或自愿和解协议是在被举报人和PHS之间，基于ORI最终认定的科研不端行为调查结果而自愿达成的协议，协议文本由ORI负责起草，当被举报人与PHS官方代表双方正式签署这份协议后，该协议就具有政府层面的效用，需要完全执行、正式生效。PHS官方代表是自愿协议的实施主体，被举报人是行政措施的实施对象，双方签署的协议，是对已经证实的科研不端行为采取的最终行政行为，在一定期限内，双方都具有履行协议的义务。协议要求被举报人接受PHS的科研不端行为调查结论和行政处罚措施，并且同意不上诉至HHS的部内诉讼委员会以推翻或减少自愿排除的范围和协议的主体内容。该协议文本包括ORI确认的科研不端调查结论和所要实施的行政行为。

在PHS决定最终行政措施过程中，一般综合考虑以下四个方面的因素：一是科研不端行为的严重程度，主要根据科研不端行为调查报告中对实际发生情况的描述，客观评估事件造成的不良影响；二是科研不端行为明知、故意程度，主要根据当事人是主观故意还是严重过失来判断，当事人在意识到不端行为存在时有没有采取补救措施；三是科研不端行为是否给公共利益或公众健康造成损害，涉及科研资助项目的不端行为会给公共利益带来不同程度的损害，如果是发生在生物医学领域，要考虑是否给公众健康造成损害；四是科研不端行为当事人在调查时的配合程度，在科研不端行为正式调查期间，当事人有没有积极配合调查组工作和主动认错表现。以上就是 PHS 对科研不端行为责任人进行相应行政处罚的考量因素，自愿排除协议和自愿和解协议功能相同，文本格式大体一致，仅适用对象和范围上存在一些差异。

（一）类型及其适用范围

1. 自愿排除协议

自愿排除协议是一种被举报人与 PHS 自愿达成的取消其接受联邦资助的资格、排除在 PHS 咨询委员会、同行评议委员会任职，或担任顾问的资格、对已发表存在问题的论文提出更正或撤稿请求的协议，是被举报人认可有关科研不端行为事实的调查结论并放弃上诉权的书面协议。自愿排除协议主要适用于被举报人实施科研不端行为时存在主观故意、情节严重、影响恶劣，以及对公共利益或公众健康造成严重损害的情况。自愿排除协议的侧重点在于在一定期限内排除被举报人接受和使用联邦政府资金的资格，禁止参与联邦资助科研活动，特别是 PHS 支持的研究。

2. 自愿和解协议

自愿和解协议是一种被举报人与 PHS 就较轻微的科研不端行为自愿达成的协议，和解也是具有一些约束条件的，包括排除在 PHS 担任评审专家或顾问的资格、对已发表的问题论文提出更正或撤稿请求、限制从事科研活动的条件，就有关科研不端行为事实放弃上诉权的书面协议，主要适用于被举报人实施的不太严重的科研不端行为，这些行为可能属于过失造成的，对公共利益或公众健康没有造成严重损害，对研究项目也没有产生较大影响。自愿和解协议与自愿排除协议的最大区别是允许当事人继续使用联邦政府资金，接受联邦政府资助的资格没有被取消，只是对被举报人从事科研活动也设置了一些限制条件，如签署协议之后的有关科研活动要接受监督、研究机构需要对数据来源和真实性做出担保等。

(二) 自愿排除和解协议的主要内容

自愿排除和解协议的文本内容可以分为两个模块：一是调查结论，即被举报人被查确实存在科研不端行为；二是行政行为，行政行为包括被举报人签署协议中的自愿排除（和解）条件。

1. 调查与科研不端行为的认定

ORI 在接到科研不端行为举报时，开展的调查工作分为两个步骤：第一步是“照会调查”（inquiry），又叫询问式调查，即 ORI 委托发生科研不端行为的研究机构自行组织的初步调查；第二步是“正式调查”（investigation），即由研究机构开展的详细调查或 ORI 直接进行的调查。照会调查是由研究机构调查后，确定是否有必要进行正式调查，如有必要，应由 ORI 委托、监督研究机构在 120 天内完成调查，并向 ORI 提交正式的调查报告，再由 ORI 审查研究机构的正式调查报告，最后确认是否存在科研不端行为的结论。这种调查结论是由研究机构做出，再由 ORI 审查确认，还有一种情况是正式调查由 ORI 启动内部调查，然后调查监督部门形成的调查报告，直接成为调查结论。

2. 处理科研不端行为的行政方式

基于研究机构对科研不端行为举报的正式调查所形成的调查报告、被举报人的坦白供述、ORI 在其监督审查过程中进行的额外分析，PHS 确认被举报人研究中存在科研不端行为。在 ORI 基本厘清了被举报人的全部科研不端事实后，按照美国 ORI 处理科研不端行为的有关程序，由美国 PHS 下属的 ORI 综合考虑科研不端行为的严重程度、主观故意心态、对公共利益的损害程度以及当事人在调查时的配合程度等因素，对当事人采取相应的行政处罚措施，被举报人和 PHS 自愿达成有关排除协议或和解协议。

对于 ORI 审查确认存在科研不端行为的被举报人，美国 PHS 会采取相应的行政方式给予惩处，表 4-1 是作者根据 ORI 网站公布的案例摘要对常见的行政措施所作的整理，常见的措施有六种，在科研不端行为的查处实践中，通常采取其中的一种或者几种的组合。

表4－1　　自愿排除和解协议中常见的行政措施

序号	自愿排除和解协议中常见的措施
1	取消接受联邦资助的资格
2	禁止在 PHS 咨询委员会、同行评议委员会任职，或担任顾问
3	研究工作在指导监督下进行
4	对已发表的文章提出更正或者撤稿
5	由被举报者出具信息来源的证明，研究机构转送出具数据属实的证明
6	被举报人参与申请的 PHS 资助项目，雇佣单位须提交数据真实性报告

资料来源：作者根据美国研究诚信办公室的案例摘要（http：//ori. hhs. gov/case_ summary）所作整理。

以上这些行政措施的实施期限视情况而定，从 1 年至终身不等，一般在 1—10 年，尤其以 3 年居多。如震惊科学界的伯尔曼造假事件。伯尔曼因科研不端行为而接受了科学史上最为严厉的处罚，终身不得参与联邦科研项目，终身不得在 PHS 咨询委员会、同行评议委员会任职，或担任顾问，此外，伯尔曼被列入 HHS 监察长办公室（OIG）建立的被排除者在线数据库。

表 4－2 是根据 ORI 网站公布的科研不端行为案例摘要，笔者对近三年来协议签署情况进行的统计，2017—2019 年间，美国 PHS 签订自愿排除和解协议共有 20 份，其中自愿排除协议有 9 份，占协议总数的 45%；签自愿和解协议的有 11 份，占 55%。通过表 4－2 可以看出，近三年以来，签署自愿和解协议数占自愿协议总数的 50% 以上；同时也从一个侧面反映了，近三年美国 ORI 查处的科研不端行为案件中，情节比较严重、造成影响恶劣的与违规情节比较轻微的数量不相上下。

表 4－2　近三年签署自愿排除和解协议情况
（2017 年 1 月—2019 年 12 月）

协议类型	份数/份	百分比/%
自愿排除协议	9	45
自愿和解协议	11	55
合计	20	100

资料来源：作者根据美国研究诚信办公室的案例摘要（http：//ori. hhs. gov/case_ summary）所作统计。

注：考虑到网站上只显示目前在处罚期间的案例，而处罚期通常为 3 年，因此仅选择近 3 年的案例。

表 4－3　自愿排除和解协议条款及使用情况

协议条款描述	自愿排除协议	自愿和解协议
取消接受联邦资助的资格	√	
禁止在 PHS 担任评审或顾问	√	√
对已发表论文提出更正或撤稿	√	√
研究工作在指导监督下进行		√
被举报者出具信息来源的证明		√
雇佣单位须提交数据真实性报告		√

资料来源：作者根据美国研究诚信办公室的案例摘要（http：//ori. hhs. gov/case_ summary）所作整理。

表 4－3 是通过对已签署的自愿协议条款进行分析，结果显示，自愿排除协议与自愿和解协议条款部分行政处罚措施是相同的：即被举报者自愿排除在 PHS 咨询委员会、同行评议委员会任职，或担任顾问；作者主动对已发表的文章提出更正或者撤稿。由表 4－3 可以看出，在科研不端行为治理实践中，签署自愿排除协议或自愿和解协议的当事人通常要接受两种或者两种以上的行政处罚措施，其中两种是处罚措施必选项，一是对当事人原有的评审专家或顾问身份进行限制；二是由当事人主动对相关论文提出更正或者撤稿，这是对科研成果准确性进行维护。

三 自愿排除和解协议的主要特点

经过多年的实践和完善，自愿排除和解协议已经成为ORI解决科研不端纠纷的主渠道，并逐步形成了制度化、规范化的运行机制。通过对自愿排除和解协议的文本分析和实践考察，我们可以看到，协议具有四个主要特点，即充分调查、自觉自愿、公平公开、力度适当。

（一）充分调查——在充分调查的基础上，根据调查结果采取相应行政处罚

ORI在接到科研不端行为举报时，按照联邦政府的有关规定，通知被举报人所在的研究机构对举报材料进行审查，并委托其开展照会调查（inquiry，也叫“初步调查”），以此来确定是否有必要进行正式调查，ORI要求研究机构在60天内完成初步调查，在调查核实基础上作出是否进行正式调查的决定。在需要进行正式调查的案件中，通常是ORI委托研究机构来进行，由ORI负责监管其工作，遇到特殊情况及时沟通，研究机构必须在120天内完成正式调查，并将调查结果形成调查报告提交ORI，ORI审查所有的调查材料和正式调查报告。一般来说，开展科研不端举报的具体调查工作都是由研究机构来负责进行，ORI只负责审查外部调查的结论。特殊情况下，如研究机构申请要求ORI进行调查，或者研究机构不能积极开展调查，也可以由ORI来进行调查。无论是研究机构的外部调查，还是ORI的内部调查，调查组的成员多为有关领域的科学家，他们能够理解生命科学领域的各项专门工作，能够站在专家立场进行学术判断，确认是否存在科研不端行为。ORI在充分调查的基础上，根据调查结果采取相应行政处罚。

（二）自觉自愿——被举报人自觉自愿接受协议内容，放弃上诉权

经过研究机构的外部调查或ORI的内部调查确认存在科研不端行为的被举报人，在接到ORI的调查处理结论后，如果对研究机构或ORI的调查内容或行政行为不服，有权在30天内向美国HHS下属的部内诉讼委员会（DAB：Department Appeals Board）提出诉讼，被举报人有权就ORI提出的调查证据提出质疑和进行反驳。部内诉讼委员会将听取被举

报人和 ORI 的辩护，并做出最终裁决。如果被举报人的意见得到了部内诉讼委员会的支持，则 ORI 已经做出的行政行为会被撤除，不予执行。但是，如果部内诉讼委员会仍然判定被举报人存在科研不端行为，则立即对被举报人或者研究机构进行处分，被举报人需要与 HHS 官员就科研不端行为签署自愿排除协议或自愿和解协议，同意接受 ORI 的调查结论和相应的行政行为。如果对于协议内容和条款的理解有困难，可以寻求法律顾问进行内容审查和条款解释，在此前提下，自觉自愿接受协议的有关排除或和解条款，甘愿接受处罚，协议一旦被双方签署，即产生效力，同时也就意味着被举报人自愿放弃了上诉权。

（三）公开公正——ORI 将调查结论和行政措施通过公告、通讯和处罚栏公之于众

按照美国法律规定，科研不端行为查处的相关信息属于社会共有的“公共信息”，按照美国信息自由法规定，由美国 HHS 下属的信息自由局将政府行政行为公开并传递给大众。凡是被 ORI 判定为科研不端行为的案例，其内容摘要将发表于《通讯》，并通过印刷物和网站广泛公开。但是，如果想要得到更加详细的报告全文和证据材料的话，则需要向信息自由局提出申请，说明使用目的。就 PHS 掌握的资料而言，有些部分也是从该局获得的。ORI 整理的有关科研不端行为的报告，在公开发表之前都是得到了被举报人的认可，而作为资料它们将被视为社会共有的信息资源。ORI 的官方网站采取多种形式将这些科研不端行为案例公之于众，一是案例摘要，据此，我们可以看到被查处的科研不端行为概况。案例摘要就是自愿排除和解协议的缩写版，里面包括科研不端行为的调查结论及所签自愿协议的主要条款。二是通讯，ORI 自 1993 年以来每个季度编发一份通讯，介绍本季度有关工作情况，其中包括科研不端行为的查处情况，旨在促进 PHS 支持项目的研究诚信，分别于每年 3 月、6 月、9 月、12 月出版，寄发到所有的 PHS 和其他联邦研究机构。三是年度报告，ORI 每年定期向美国政府提交年度报告，汇报 ORI 的年度工作情况。四是 PHS 行政行为公告栏，ORI 将所有接受行政处罚的被举报人姓名及处罚措施全部对外公布，信息是动态变化的，对外公布遵循一条

重要原则就是“这份名单只显示目前在处罚期的案件，不包括处罚期满的名字”。五是社交网络，如 Twitter 和 Blog，通过新媒体对外公布信息。可见，ORI 致力于把科研不端行为广泛地公开。

(四) 力度适当——依据科研不端行为严重程度、造成影响的程度和发生次数等进行处罚

ORI 在对可能存在的科研不端行为、数据的有效性和其在论文中使用的科学方法是否合理等问题进行调查的过程中，也注重考察科研不端行为的范围、严重程度、所造成的影响，作为科研不端行为的处罚主体，在决定对已经证实的科研不端行为采取最终行政措施的时候，遵循美国政府的有关规定，着重考虑几个因素：一是科研行为的严重程度，是否造成对他人的伤害或者物质上的损失；二是科研不端行为主观上明知故意或者粗心大意程度；三是科研不端行为是否独立事件或某事件的一部分；四是科研不端行为是否对研究项目、研究机构或者公共利益造成严重损害；五是被举报人在调查过程中的配合程度。ORI 负责查处的对象都是得到美国 HHS 赞助的研究项目，有些直接关乎公民的生命健康，具有特殊性，因此，ORI 在处罚力度把握上，依据科研不端行为的严重程度、实施主体的恶意程度、造成影响的大小程度和发生科研不端行为的次数等，综合考虑对责任人和项目采取行政行为。对于严重科研不端行为的取消责任人使用联邦经费的资格，禁止其作为专家顾问担任 PHS 的任何职务；对于比较轻微的科研不端行为责任人采取指导监督其研究工作的方式，秉承教育与处罚相结合的原则。

四　自愿排除和解协议的实践启示

美国研究诚信办公室在科研治理方面取得了很大的成功，其中重要的一个方面就是把自愿排除的制度运用于科研不端行为治理的实践，规范了科研不端查处的程序，形成了一整套的科研不端行为查处机制和具体做法，从中我们可以得到很多有价值的启示。

(一) 自愿排除特定权利

ORI 在科研不端行为的调查过程中坚持不放过任何细节，对被举报

人有关研究所涉及的相关资料、实验数据、基金申请书、学术成果、与有关知情人的谈话记录、电子邮件等进行大量而又细致的审查，每个环节做到细致认真，使调查的资料翔实可靠，让被举报人在大量的科研不端行为事实面前，不得不承认科研不端行为事实的存在，意识到其后果的严重性，从而自愿接受有关排除和解协议的条款，主动放弃特定权利，包括上诉权，被举报人今后的研究活动将受到约束、限制和监督。

（二）协议内容公之于世

ORI 对科研不端行为的调查结论和行政措施通过公告、通讯和处罚栏公之于众。将科研不端行为的事实和处理结果进行通报，一方面，维护了社会公众的知情权，尤其是纳税人可以了解科研经费是否被滥用，也是公众了解 ORI 行政行为的途径和监督 ORI 工作的重要依据；另一方面，通过公开透明的方式把科研不端行为的资料在互联网上曝光，对广大科研工作者来说，既能够提升科研道德规范意识，也能让研究人员意识到科研不端行为的严重性。科研不端案例是最鲜活的负面教材，有利于对科研工作者形成威慑。对于科研不端行为的当事人来说，最头疼的就是信息公开，很多人因此被研究机构解除职务，断送自己的研究生涯。

（三）采取科学对话模式

ORI 在科研不端行为的调查过程中，积极采取对话模式。在案件调查过程中的每个阶段都有相应的制度安排，在初步调查和正式调查过程中，调查组需要听取被举报人的申诉，对话模式不同于传统的组织惩戒。过去的方式是自上而下，由科研资助机构对研究人员和项目进行相应处罚，属于单向行为。目前，在调查过程中，被举报人在了解调查结果的前提下，可与 ORI 就科研不端行为的最终处理进行协商，属于双向互动。针对 ORI 拟定的自愿排除和解协议，如果不了解其中涉及的权利和义务内容，可以委托法律顾问帮助进行解释，充分体现了科研不端行为处理的合理化、规范化、法制化特征。

（四）程序完善程序正义

ORI 对于科研不端行为的调查处理和申诉救济程序都做到非常完善，从投诉举报、立案、调查、处理、执行、公告，包括后续监督管理等所有环节，都进行了详细的规定，特别是在调查阶段，采取外部调查和内部调查相结合的制度，两者互相合作、互相补充，一方面，研究机构在 ORI 的指导监督和协助下积极开展调查取证工作；另一方面，ORI 又对其调查的结果和调查程序的合理性进行审查，确保调查结论的准确可信。在调查过程中坚持“无罪推定”的原则和隐私保护及回避制度，注重保护被举报人的合法正当权益，明确规定调查处理的时限。在调查过程中，由专家进行是否存在着科研不端行为的学术判断，在处理决定环节，由科研资助机构作出行政处罚，充分体现了程序正义。

美国研究诚信办公室在科研不端行为的治理工作是经过多年实践，不断改进和完善的，目前已经形成了一整套程序完善、建制合理的制度体系。近年来，我国的科研不端行为频频被曝光，尤其在生物医学领域更是呈现出多发易发特征。如何学习借鉴国外先进经验和吸取教训，少走弯路，探索一套符合我国国情的科研不端行为查处体系，需要我国政府有关部门、科研管理部门和研究机构多方联动，通力合作。

第六节 美国科研不端行为记录系统研究

科研不端记录系统是记录科研不端行为的档案，是对科研不端行为当事人的个人信息、不端行为类型、不端行为调查报告及对当事人处罚措施的记录，也是证明科研不端行为实际发生的法律证据。20 世纪七八十年代，美国查处的诸如萨默林事件、阿尔萨布狄事件以及达尔西事件等科研不端典型案件，迫使美国联邦政府开始收集、登记、整理科研不端案件，并对已查处的典型案件进行集中分析研究。在此背景下，1982 年，美国卫生与人类服务部（HHS：United States Department of Health and Human Services）建立了科研不端记录系统，该记录系统目前由美国研究诚信办公室（ORI：Office of Research Integrity）进行建设和运行维护，经过三十多年的建设、运行和改革，使其在科研不端的管理实践中发挥了重要作用。通过研究美国卫生和人类服务部科研不端记录系统的运行机制，以期对建立我国科研不端记录系统提供启示和经验借鉴。

一　美国科研不端行为记录系统简介

美国科研不端记录系统，即公共卫生署资助研究中被发现有科研不端行为人员的提示记录（ALERT Records Concerning Individuals Found to Have Committed Scientific Misconduct in PHS Sponsored Research），它的建立是依据美国的《隐私权法》和《信息自由法》等有关法律精神，于1982年建立的“1974年隐私权法：新记录系统——公共卫生署”，由美国国立卫生研究院（NIH：National Institutes of Health）的管理调查和审查司（DMSR：Division of Management Survey and Review）负责信息管理和维护，该系统允许NIH官员就接受其研究资助的科研不端行为人采取适当的行政行为。1987年，科研不端记录系统得到了升级改造。值得注意的是，此次升级扩充了系统的记录对象，将正在进行调查的科研不端嫌疑人或受到制裁者的个人姓名也列入记录系统。1989年3月，为了使联邦政府《关于卫生研究法的补充法案》提出的有关要求得到落实，在NIH下设立科学诚信办公室（OSI：Office of Scientific Integrity）和科学诚信审查办公室（OSIR：Office of Scientific Integrity Review），1991年5月，记录系统由NIH下的DMSR转移到了OSI，1992年5月，为了更好应对日益复杂的科研不端行为，在OSI的基础上设立了ORI，记录系统的管理也随之转移到了ORI。为了拓展ORI的管辖权，使其在PHS拥有更大的权力，ORI被从NIH分离出来，成为独立于NIH之外的PHS的一部分。1994年5月，ORI对该记录系统再次进行了升级，实现了部分自动化，即在计算机上同步记录，不再仅仅依靠纸上记录。此后，ORI又实现记录系统的电子化，记录的保存方式由纸质打印件和计算机磁盘两种介质存储，实行主要以公民个人的社会保险号码为记录系统的信息检索标识。

ORI科研不端记录系统是一个半开放系统，完整的记录信息不对公众开放，信息管理需要遵循有关保密制度，信息的披露主要有两种途径，其一是ORI通过编辑案件摘要、PHS行政行为公告牌和通讯主动将已经办结的科研不端案件有关情况对公众公开，但科研不端行为人除姓名以外的相关个人信息仍然在保密范围；其二是普通公众有充分理由需要查看记录获取信息必须申请，经 ORI 教育和诚信处负责人严格审核，授权后方可查看。

二　美国科研不端行为记录系统的基本框架

科研不端记录系统的建设和运行遵照了美国《隐私权法》中“个人隐私权只在符合公共利益的范围内受到保护”和《信息自由法》中“信息公开是原则，不公开是例外”的法律原则，在维护公共利益的基础上，推行政务信息公开，坚持客观、透明、公平、公正的原则。科研不端记录系统包括记录对象与内容和措施与管理两个方面。

（一）记录对象与主要内容

ORI 将以下五类人员列为科研不端记录系统的记录对象：一是经过调查，研究诚信办公室确认存在科研不端行为者；二是由于科研不端行为而受到行政处罚者；三是由于受到科研不端行为调查而签署自愿排除和解协议者；四是研究诚信办公室收到某机构关于发现科研不端行为的调查报告，且认定相关当事人属于 PHS 管理权限范围；五是食品药品管理局（FDA：Food and Drug Administration）认定，有充足理由相信需要对违反 FDA 科研监管规定的人员采取正式处罚。

ORI 科研不端记录系统中记录的主要内容包括但不限于以下十个方面：一是研究诚信办公室和 PHS 的案件编号；二是记录对象的姓名；三是记录对象的社会保险号码；四是出生日期；五是不端行为的类型；六是调查机构的名称；七是因不端行为被给予行政处罚信息的摘要，以及有效期限；八是所涉及的 PHS 资助项目，以及相关管理机构或资助单位，包括负责调查的特定办公室的名称；九是记录生成日期；十是最后更新日期。在 ORI 通过案件摘要和 PHS 行政行为公告牌等对外公开的科研不端案件记录信息中，科研不端行为相关信息不包含上面第一、三、四项，特别是社保号码和出生日期仍属于保密范围，如 2015 年 ORI 查处的韦恩州立大学（Wayne State University）特雷西塔·L. 布里奥内斯（Teresita L. Briones）博士，记录系统的核心信息都包含在对公众公开的信息之中。

（二）处理措施与信息管理

ORI对当事人具体处罚措施包括但不限于以下七种：一是对特定活动或现有资助项目开支的限制；二是要求对其所有经费申请进行特别审核；三是影响被任命为PHS咨询专家或咨询委员会成员的资格；四是取消参与资助申请、委托合同、合作协议等活动的资格；五是暂停或终止现有资助；六是对监管研究的特别限制，如取消其使用临床试验药物的资格，或对这类使用施加其他限制；七是PHS对其雇员解聘或给予其他纪律处分。ORI对裁定存在科研不端行为的当事人，根据科研不端行为的违规情节严重程度、主观故意心态以及对公共利益的损害程度进行综合分析，通常是采取以上的一种或者几种的组合。在著名的美国佛蒙特大学教授伯尔曼案例中，伯尔曼接受了ORI给予的最严厉惩罚，终身不得参与美国联邦资助的科研项目，终身不得在PHS担任咨询专家或顾问，同时还要负责对含有造假数据的科研论文进行更正或撤稿。

ORI科研不端记录系统的有关信息管理维护主要包括记录信息的建立、保存、披露和过期后的销毁等环节，所有环节都是由专业的记录系统管理员负责。在机构作出最终裁决之前，相关记录信息为保密信息，未经许可不得被复制或披露。当正式披露后，科研不端记录系统的价值才真正体现出来：一是当科研不端案件处理完毕后，以电子公告板形式向有关机构披露调查结果和行政处罚措施，使PHS的行政处罚得到执行；二是供资助部门和其他有关官员筛查科研资助申请表、研究基金及合作协议；三是供PHS的委员会管理部门筛查咨询委员会成员的提名或任命；四是向PHS负责招聘工作的官员提供信息，以便其作出是否聘用的决策。

此外，ORI科研不端记录系统注重个人权益的保护，主要做法是：一方面，ORI记录系统的管理员要在记录信息建立之前以书面形式通知其记录对象，当个人记录过期后要从系统中删除时，也应通知其记录对象；另一方面，记录对象享有查询和获取本人记录以及本人记录公开情况记载的权利，记录对象有权监督信息管理、保存、变更和过期销毁，记录对象可写信给系统管理员，指出系统中有关自己的记录过期、不完整、不相关或不准确的信息，提供相关证明并要求变更。

三 美国科研不端行为记录系统的主要特点

通过对美国 ORI 科研不端记录系统的运行机制分析，我们可以看到，美国科研不端记录系统最重要的一条成功经验，就是建立科研不端记录系统要有明确的法律法规要求，它们是保证科研不端记录系统法制化、动态化、公开化、常态化运作的前提，要在记录的对象、内容、信息的保存、管理及维护等程序上规范运作，确保科研不端记录客观、公正、权威、严肃。具体来说，美国的经验具有四个特点，即系统建立的法制化、系统管理的动态化，系统信息的公开化和系统作用的常态化。

（一）科研不端记录系统建立的法制化

美国 ORI 科研不端记录系统的建立、调整和运行都具有法律法规支撑，确保其权威性、严肃性、规范性。科研不端记录系统最初创立于 1982 年，主要是遵照《隐私权法》《信息自由法》以及联邦政府对卫生部研究诚信办公室有关职能定位，即维护公共卫生署所资助研究项目的诚信。科研不端记录系统建立的背景，是在美国的学术界、科研管理机构和政府意识到科研诚信遭到破坏，科研不端已不再是偶然事件之后，在当时的众议员戈尔的推动下，建立起科研不端记录系统，由国立卫生研究院负责运行维护，加强政府处理科研不端行为的体系，1985 年联邦政府颁布的《关于卫生研究法的补充法案》，要求申请政府资助的研究单位要核查涉及科研不端行为的调查。

（二）科研不端记录系统管理的动态化

经过研究机构的自身调查或者 ORI 的独立调查确认存在科研不端行为的案件，在 ORI 作出调查处理的结论后，立即将案件信息通过《案件摘要》和《PHS 行政行为公告牌》对外披露，此外，ORI 每个季度汇编一份《通讯》，其中会登载本季度处理完毕的科研不端案件。ORI 的科研不端记录系统信息管理采取的是动态化管理维护，特别是《案件摘要》和《PHS 行政行为公告牌》这两份科研不端电子记录信息，仅仅保留目前仍处于处罚期的案件，对于处罚期满的科研不端案件信息，系统管理员会及时删除或销毁，以体现对科研不端行为人的隐私保护。

（三）科研不端记录系统信息的公开化

被研究诚信办公室判定为科研不端行为的案件，其行为人即被列为记录对象，ORI将在网站上对科研不端案件将发表于《案件摘要》《通讯》和《PHS行政行为公告牌》，并通过印刷物和网站对相关情况进行信息公开，社会公众可以了解案件的概况，但是要想得到更加详细的报告全文和证据材料的话，就需要向信息自由局提出申请，由它们负责提供。研究诚信办公室整理的有关科研不端行为的报告，在公开发表之前，需要得到被告人的认可，而作为资料，它们将被作为“公共信息”，即社会共有的信息资源，对外公开，开放透明，即时在线，一方面，使社会公众获取公共信息的渠道更加通畅；另一方面，信息公开可以对广大科研工作者起到警醒和威慑作用。

（四）科研不端记录系统作用的常态化

美国ORI科研不端记录系统的建立，对于预防和惩处科研不端行为发挥着不可替代的作用，经过多年的发展完善，记录系统所发挥作用已经常态化，主要包括五个方面：一是当发现科研不端行为时，以电子公告板形式向有关机构和社会公众披露调查结果和行政处罚措施，使社会公众能够了解有关科研不端案件概况，同时也使PHS的行政处罚得到执行；二是供科研资助部门和其他有关官员筛查科研资助申请表、研究基金及合作协议；三是供PHS的委员会管理部门筛查专家顾问、咨询委员会成员的提名或者任命；四是供各种科研单位负责招聘工作的官员审查求职者的科研诚信记录信息，以便作出是否聘用的决定；五是在必要时，向国会、司法部门等有关机构或官员通报所采取的处罚，例如，当媒体披露有关人员受到科研不端行为相关调查时，通过提供ORI对案件的准确描述，保证其结果的公正。

四 美国科研不端行为记录系统的实践启示

总之，美国科研不端记录系统经过三十多年的演变、发展和实践，其内在运行机制已经非常系统完备。反观当前国内情况，我国科技事业持续快速健康发展，但是繁荣的背后也出现了大量的科研不端行为，与此相适应的科研不端行为治理制度正在不断地完善之中，科研不端治理能力和治理水平也在提升之中，许多机制尚未完全建立起来。在科研不端行为的档案建设方面，目前国内还处于起步阶段，从长远的治理制度设计来看，亟须建立一套科研不端记录系统，它不仅能够提升科研信用的管理水平、优化科研信用环境，对广大科研人员防范科研不端行为形成巨大威慑，同时也是对科研人员开展科研诚信教育的宝贵资源。美国科研不端记录系统的运行实践，对我们做好相关工作具有重要的启示意义。就国内的各类科研资助管理机构而言，可以大胆吸收和借鉴美国的成功经验，尽快探索和建立科研不端记录系统，维护科学研究的诚实性和真实性。

本章小结

本章通过对科研不端行为处理的阶段性程序的分析，科研不端行为的处理阶段涵盖的科研不端行为处理决定的形成、科研不端行为处理的听证申诉救济、科研不端行为处理结果的披露途径与程序、科研不端行为处理的衔接程序研究、美国科研不端行为处理的自愿排除和解程序研究和美国科研不端行为记录系统研究等，比较了国内外主要科研资助管理机构现有查处政策文本中科研不端行为处理程序的异同，既肯定了国内有关政策制度所具备的特色和优势，同时也指出了国内有关制度文本存在的有待改进之处。最后，通过对美国科研不端行为处理的自愿排除和解程序研究和美国科研不端行为记录系统的研究，介绍了处理科研不端行为的协商机制和程序，以及对美国查处科研不端行为的档案记录系统的管理体制和运行机制分析，提出可以大胆学习、借鉴美国处理科研不端行为的相关经验，建立和完善我国的相关体制机制，更好地体现科研不端行为处理的程序正义。

第五章　基于程序正义理论的科研不端行为查处案例分析

剖析具有典型意义的科研不端行为查处案例、从程序正义的视角分析总结查处案例中操作程序的得失，是修订和完善现有科研不端行为查处程序制度的基础性工作。虽然已有学者对国内外科研不端行为查处进行过案例研究，如美国的贝尔实验室与舍恩事件，以美国“E. T. 波尔曼事件”、韩国“黄禹锡事件”以及中国“陈进事件”等科研不端行为事件为例，对美国、韩国及中国的科研不端行为查处程序进行比较分析，但未见学者从程序正义的视角去考察科研不端行为查处程序。北京大学于艳茹因抄袭被撤销博士学位事件和国外学术期刊因同行评审造假而发起的大规模集中撤稿事件，是近年来国内学术界发生的两个极具影响力的案件。于艳茹因学位被撤而状告母校北京大学一案获得了法院的支持，法院经过审理认定北京大学的查处程序存在程序违法。于艳茹事件引发了人们对学术不端行为查处程序的广泛关注。此外，国外学术期刊《肿瘤生物学》杂志因同行评审造假发起了107篇创纪录式的大规模集中撤稿事件，这些论文作者全部来自中国，此事引发国内外的强烈关注。集中撤稿事件固然对我国科学家的国际声誉造成了巨大影响，让中国科技界良好的学术形象蒙受了巨大损失，但是中国科技界尊重科学、勇于担责、以零容忍的态度和完善的查处程序对被撤稿论文进行逐一彻查的做法，也赢得了国际同行的尊重。毫无疑问，从程序正义的视角对这两个典型案例中的查处程序进行深入的考察和分析，具有典型意义和独特价值。本章以于艳茹事件和集中撤稿事件为案例，从程序正义的视角审视两个典型案例中科研不端行为查处程序的关键环节，以期为科研不端行为查处程序建设提供有价值的启示。

第一节　于艳茹事件及其启示

近年来，我国学术界出现了多起影响较大的学术不端事件，如史上最牛学位论文抄袭事件、于艳茹被撤销博士学位事件、大规模同行评审造假被国外学术期刊集中撤稿事件、韩春雨主动撤稿事件等。从近年来披露的学术不端行为情况来看，硕士学位论文抄袭无疑是学术不端行为的“重灾区”，这也暴露出我国研究生教育研究面临着一些深层次问题。如2009年5月25日，中国青年报以《“史上最牛硕士论文抄袭”调查》为题，披露了2007年东北财经大学某篇硕士学位论文，涉嫌严重抄袭2006年南京财经大学的一篇硕士学位论文，经过记者的比对，惊奇地发现两篇硕士论文的框架结构是完全一样，抄袭者仅仅用“山东”一词替换了原文里的“江苏”两字，事件一经曝光，引发网友热议，被称为“史上最牛的硕士论文抄袭事件”。该报道引起了社会广泛关注。然而话音刚落，2009年5月26日，《中国青年报》记者接到一个来自上海某高校在读博士小唐的举报，举报人称其在通过中国期刊网查找文献时意外发现有一篇论文涉嫌严重抄袭，堪称比“史上最牛硕士论文抄袭”还要牛的抄袭，记者经过下载比对发现，两篇论文除了文末的“致谢”不完全一样以外，在论文的标题、中英文摘要、关键词、研究内容和参考文献等主体部分一字不差，2009年6月1日，《中国青年报》又以“除了‘致谢’不同，其他内容一字不差，比‘史上最牛硕士论文抄袭’还要牛”为题进行了报道。另据媒体公开报道，安徽大学历史系同届同门两篇硕士论文抄袭了曲阜师范大学同届同门的两篇硕士学位论文，具体来说，安徽大学历史系博导周致元教授指导的两名2007届硕士毕业生刘英慧、魏峰，涉嫌大面积抄袭曲阜师范大学历史文化学院张秋升教授指导的两名2006届硕士毕业生孔凡华、孔宇。更值得一提的是，硕士论文显示，刘英慧和魏峰的关系不仅是安徽大学的硕士同学，而且是青岛广播电视大学的同事。此外，刘英慧还正在担任该校继续教育学院的院长一职。

北京大学于艳茹论文抄袭与前面所说的硕士学位论文抄袭有所不同，北京大学于艳茹并不是因为学位论文抄袭造假被撤销博士学位，而是因为其在北京大学博士学习期间发表的一篇学术期刊论文存在学术不端行为。在学术不端事件查处实践中，针对不同的不端行为类型可以采取不同的查处手段和程序，如理工科论文造假，不端行为则可能更多地表现为实验数据的伪造或者篡改，有些时候需要通过重复实验来验证，而对于人文社会科学论文而言，不端行为则可能更多地表现为文字抄袭或者思想的剽窃，对涉嫌抄袭剽窃等学术不端行为，一方面可以通过“学术不端行为检测系统”进行文字复制比检测；另一方面可以通过专家的同行评议，从而判定是否存在抄袭剽窃。在众多学术不端行为事件中，北京大学于艳茹事件具有一定的典型性和特殊性。因不服母校北京大学作出的博士学位撤销决定，于艳茹在尝试通过申诉途径“讨回公道”失败之后，毅然决定将北京大学告上法庭，于艳茹事件迅速升级为于艳茹案，该案是我国首例因学术论文抄袭导致博士学位被撤销的行政诉讼案件，也是我国高等教育领域学术不端行为治理史上最具有影响力的一个案件，极具典型意义。

本书以北京大学于艳茹事件为例，分析我国高校学术不端行为调查和处理机制。之所以选择于艳茹事件，主要基于以下几个方面的考虑：①影响力：因为于艳茹北大博士以及社科院博士后的特定身份引发强烈社会反响和持续关注，到目前为止，北京大学于艳茹事件可以说是我国高等教育领域学术不端史上最具影响力的一个案件，可以说在高等教育领域几乎是人人皆知，具有广泛的影响力；②特殊性：虽然人们习惯于把此事件称为“北京大学于艳茹事件”，其实，事件发生时于艳茹已经从北京大学毕业，正在中国社会科学院历史研究所从事博士后研究，但因涉嫌学术论文抄袭导致论文被杂志社撤稿，博士学位被北京大学撤销，博士后资格被中国社会科学院取消；③复杂性：北京大学撤销于艳茹博士学位不是基于其博士学位论文存在抄袭，而是其发表的学术论文存在抄袭行为所致，此学术论文也不是申请北京大学博士学位的必要条件，两者并不存在明显的因果关系；④正义性：北京大学在调查处理于艳茹事件中未能严格遵守查处的正当程序原则，损害了当事人的程序性权利，程序正义的缺失让实体正义蒙羞，导致了该事件的实体和程序都存在问题。令人欣慰的是，北京市一中院最终作出了对于艳茹有利的判决，法院经过审理认定北京大学之前作出的撤销于艳茹博士学位决定存在程序违法，亦未说明具体的法律条款，这一判决结果否定了北京大学对于艳茹事件查处程序的正当性，彰显了程序正义比实体正义更重要，让司法守住了正义底线。

一　于艳茹事件简介

2017 年 6 月初，于艳茹诉北京大学案迎来了终审判决，北京市一中院在经过认真的审理之后，认定北京大学所作的撤销于艳茹博士学位处理决定存在程序违法，亦缺乏明确的法律依据，据此法院作出了判决：一是撤销了之前北京大学作出的撤销于艳茹博士学位的决定；二是驳回了于艳茹提出“恢复其博士学位证书法律效力”的诉讼请求，法院给出的理由是“不属于本案审理范围”。一个时隔近三年的于艳茹抄袭事件至此算是画上了一个句号。但是，作为一个学术不端行为典型案件，由此引发的关于学术不端案件查处程序正当性的关注和讨论却刚刚开始。

于艳茹，女，1979 年生，北京大学历史系 2008 级博士研究生，主要从事法国启蒙运动时期的出版史研究。于艳茹经过了 5 年的刻苦攻读，于 2013 年 7 月 5 日从北京大学历史系博士毕业，同时获得了北京大学授予的历史学博士学位证书。博士研究生毕业后，于艳茹顺利进入了中国社会科学院历史研究所的博士后科研流动站，成为该博士后流动站的一名专职科研人员。

众所周知，国内各高校的博士研究生在申请博士学位之前必须发表一定数量的学术论文，以此成果来证明其具备独立从事科研工作的能力。北京大学作为国内顶尖名校，自然不例外，而且对博士研究生学术成果的要求也比较高。于艳茹在读博的最后一个学期，已经在核心期刊上发表了4篇学术论文，另有其他3篇尚未发表的论文，这样的学术业绩已经达到和超过了北京大学申请博士学位论文答辩的最低要求。2013年1月，于艳茹将一篇题为《1775年法国大众新闻业的“投石党运动”》（以下简称《投石党运动》）的学术论文投给了中国人民大学主办的新闻传播类杂志《国际新闻界》。2013年5月31日，于艳茹按照毕业的相关程序要求，向北京大学提交了博士学位论文答辩申请书和研究生科研统计表等资料，由于《投石党运动》一文已于2013年3月18日被《国际新闻界》杂志接收，彼时正处于待发表状态，所以，于艳茹将其作为在读期间的科研成果，连同其他7篇学术论文列入了博士学位论文答辩申请书，并加了备注予以说明。

2013年7月5日，于艳茹在北京大学获得了博士学位。就在于艳茹博士毕业的18天之后，2013年7月23日，《国际新闻界》杂志的第7期正常出版，《投石党运动》一文正式见刊。然而在该文正式刊登的一年多后，情况出现了大转折，2014年8月17日，《国际新闻界》杂志在其官网破天荒地对外发布了一则公告——《关于于艳茹论文抄袭的公告》，据称杂志社在接到举报后，组织有关专家组予以查证，认定于艳茹在《投石党运动》一文中存在大段翻译原作的情况，直接把原作者引用的文献拿来作为注释，其行为构成严重抄袭，并宣布了《国际新闻界》杂志采取的三条具体处理措施：一是公开通报情况，杂志社刊发公告，并通报作者相关单位；二是进行电子版撤稿，杂志社联系相关文献收录机构，删除于艳茹该文的电子版；三是对当事人投稿权利进行限制，杂志社在五年内拒绝于艳茹的投稿。随后，杂志社将抄袭情况通报给了北京大学，作为论文成果的署名单位和学术不端行为的查处主体，北京大学立即启动调查程序，组建专家调查组就于艳茹抄袭事件进行深入调查，此举体现了高校与杂志社两个学术不端查处主体在调查程序上的衔接。

2014年9月1日，北京大学组织召开了于艳茹抄袭事件专家调查组第一次会议，本次会议形成了两个决定：一是调查组的人员构成方面，决定聘请同领域的专家参与调查；二是调查的范围方面，决定审查于艳茹的博士论文和在读博士期间的所有学术期刊论文。同年9月9日，北京大学又组织召开了于艳茹抄袭事件专家调查组第二次会议，于艳茹以被举报人的身份参加了本次会议，并就《投石党运动》一文是否存在抄袭进行了陈述。同年10月8日，专家调查组给出了正式调查结论，认定《投石党运动》一文“存在严重抄袭行为，应给予严肃处理”。2015年1月9日，作为处理研究生学术不端行为具体负责部门的北京大学学位评定委员会，专门召开对于艳茹事件的调查处理会议，在前期专家调查结论的基础上，由会议代表进行表决，令人意外的是，竟然一致通过了撤销于艳茹博士学位的处理决定，其理由是于艳茹发表的学术论文存在严重抄袭行为。

北京大学在对于艳茹抄袭事件形成最终处理决定后，次日通过媒体昭告天下。虽然在撤销于艳茹博士学位证书的处理决定中提及了处罚的法律依据，是按照《中华人民共和国学位条例》《国务院学位委员会关于在学位授予工作中加强学术道德和学术规范建设的意见》和《北京大学研究生基本学术规范》等有关规定，但是并没有明确说明据以作出处理决定依据的具体条款，理由说明欠缺说服力。于艳茹完全不能接受多年奋斗取得的博士学位被撤销，所以希望通过申诉的救济途径维护自身权益，她按照逐级申诉的原则，先后向北京大学学生申诉处理委员会和北京市教育委员会提出了自己的申诉请求，但遗憾的是，两次申诉均未获得任何支持。在申诉无果、恢复学位问题无望之时，于艳茹作出了一个艰难的决定，那就是拿起法律武器维护自身权益。2015年7月，于艳茹一纸诉状将母校北京大学告上法庭，请求法院撤销北京大学作出的博士学位撤销决定，并判令恢复其博士学位证书的法律效力。该案在经历了将近两年时间之后，2017年6月，北京市一中院作出了终审判决，认定北京大学作出的撤销博士学位处理决定存在程序违法，撤销之前北大作出的撤销学位的处理决定。

二　于艳茹事件查处程序检视

为了更好地从案件中汲取教训，我们需要对于艳茹事件的查处程序进行梳理分析，试图检视出程序设计或者程序运行环节中的问题。于艳茹抄袭事件被举报后，《国际新闻界》编辑部及时组织调查核实，并向于艳茹的有关单位主动通报了论文抄袭情况，北京大学迅速启动了正式调查。依据北京大学校规《北京大学研究生基本学术规范》的规定，研究生培养办公室是违反学术规范的举报、申诉的受理机构。因此，北京大学研究生院院务会议是研究生科研不端行为举报事件是否需要启动调查的决定机构，而研究生培养办公室是科研不端事件的调查责任主体。由于研究生培养办公室是北京大学校内的一个行政职能部门，于艳茹涉嫌抄袭论文的学科归属在历史系，所以历史系在接受研究生院的委托后，组建了一个临时调查小组，对涉事论文是否属于抄袭展开调查。调查工作具有明确的实施要求：一是专家调查组的构成方面，为了确保调查工作的客观公正性，明确提出了可以邀请校外同行专家参与调查；二是坚持回避原则，为了保证案件能够得到公正的裁判，涉案研究生的导师必须回避，不得参与抄袭事件的调查工作。一般来说，科研不端行为案件正式调查程序完成后，调查组需要提交调查报告和处理建议。在本案中，历史学系学位评定分委员会也就专家组的调查结果提出了处理建议，在初步的处理建议形成程序中，学位评定分委员会的委员们就是否撤销于艳茹博士学位进行了表决，表决结果显示：13 人参与表决，其中 1 人弃权、5 人赞同、有 7 人反对撤销博士学位但认为应当撤销相关学术奖励。历史学系调查组在完成调查程序后，将调查报告和初步处理建议提交给研究生培养办公室，研究生院在对调查结果和处理建议进行审核评估后，提出了研究生院层面的处理报告，最后提交给北京大学校学位评定委员会，由其做处理决定。

根据《中华人民共和国学位条例》第八条的规定，北京大学作为博士学位的授予单位，北京大学学位评定委员会是具体负责授予学位的机构，博士学位的撤销也要由它做出决定。然而令人意想不到的是，2015

年1月9日，北京大学学位评定委员会就于艳茹事件的处理进行投票表决，竟以20∶0的投票结果通过了撤销于艳茹博士学位的处理决定。1月14日，北京大学向于艳茹送达了处理决定书，并告知其具有的权利和提出申诉救济的途径及要求。于艳茹随后走上了漫漫的申诉、诉讼之路。

通过对于艳茹事件的梳理和北京大学对于艳茹学术不端行为查处程序的检视，我们发现北京大学在调查和处理该事件的诸多环节都存在程序瑕疵，也就是说具体的调查和处理程序违背了程序正义原则、尊严价值原则，未能体现查处主体对查处对象的相关程序性权利和人格尊严的保护，造成了程序不正义，程序正义的缺位导致了查处结果的正义性受到严重质疑。具体来说，于艳茹事件查处程序主要存在以下几方面的问题。

（一）查处主体行使权力的程序制度供给不足

一直以来，高校的性质和法律定位是比较模糊的，一些事业单位和社会团体虽然不属于行政机关，但是法律法规赋予其一定的行政管理权，如高校具有学位授予权。北京大学作为国有事业单位，在行使内部管理权的过程中，可以作出对行政组织内部产生法律效力的行政行为。北京大学接到于艳茹抄袭举报后，有权对于艳茹进行调查处理，并作出撤销其博士学位。既然北京大学行使学术不端治理权的行为属于行政行为，那么学术不端的查处工作就应当遵循行政法的几个基本原则，比如尊重和保障人权原则、程序正当原则等。然而从目前公开报道的信息来看，北京大学查处于艳茹抄袭事件依据的是《北京大学研究生基本学术规范》（以下简称《规范》），但是《规范》中却没有明确的查处程序要求。换言之，北京大学在行使行政管理权的时候，并没有明确的实施行政行为的方式、过程、步骤、时限，简言之，缺乏一套符合正当程序的查处规程可以遵循。查处程序制度的供给不足是于艳茹案反映出的一个突出问题。

（二）调查程序与处理程序的衔接不当

北京大学在行使行政管理权的过程中，体现了明确的分权意识，把于艳茹事件的调查与处理程序进行了分离，做到了查而不处、处而不查，但是查与处的程序衔接上却存在“程序瑕疵”。北京大学研究生培养办公室在受理于艳茹抄袭举报后，随即对举报事实进行初步核实，初步了解举报的问题存在，为立案调查提供了依据。于艳茹是北京大学毕业生，虽然在毕业之后被发现学术论文涉嫌抄袭，但是论文成果的署名单位是母校北京大学，因此，北京大学研究生培养办公室具体负责其学术不端行为的举报受理并牵头开展调查处理工作是恰当的，符合规范的。具体调查工作由谁负责实施？处理决定由谁来做？调查与处理程序如何衔接？从现有文献和媒体报道信息来看，于艳茹抄袭事件的调查是由北京大学历史系完成的，历史系将调查报告和学位分委员会形成的处理建议原始资料送交研究生培养办公室，研究生院则在评估审核的基础上提出处理报告，并提交给北京大学校学位评定委员会，由校学位评定委员会作出最终的处理决定。就北京大学的查处程序设计而言，初步形成了历史系、研究生院、校学位评定委员会的三级处理结果生成机制，但是从初步处理建议到处理报告再到处理决定的形成程序来看，程序的衔接却并不紧密，对比于艳茹的最终处理决定与历史系的初步处理建议，两者相去甚远，校学位评定委员会在没有另外展开调查，却推翻了历史系已有的调查结论和处理建议，作出了完全不同的处理决定，充分说明了调查程序与处理程序之间的程序衔接不当。

（三）当事人的陈述申辩权和听证权被无视

在政府简政放权的大背景下，赋予高校更大的办学自主权是我国高等教育改革的方向和趋势。《中华人民共和国教育法》和《中华人民共和国高等教育法》是我国高等教育领域两部基本的法律，两者都明确规定了高校具有“依法自主办学”和“按照章程自主管理”的权力，高校的内部行政管理权和办学自主权将明显扩大。高校在行使这些权力进行教育管理时，要遵循规范化的控制程序，规范权力运行程序，避免自由裁量权的滥用。特别是对行政相对人权益产生严重影响的行政行为，需要制定和遵循严格的处理程序，如作出开除学籍、勒令退学、扣发毕业证、不授予学位等决定，都会对学生的名誉及将来的就业和发展产生极大的影响。本案中涉及博士学位撤销属于对相对人权益产生重大影响的行为，事前应当以书面形式通知当事人；事中应当给予当事人陈述事实和表达意见的机会；事后要做到送达正式的决定书、给予当事人听证的救济途径，只有遵循事前、事中和事后的完整程序规范，才不会使处理程序出现盲区。北京大学作为国家法定的学位授予机构，依法具有撤销已授予学位的行政职权。北京大学撤销于艳茹的博士学位，涉及于艳茹的重大切身利益，对于艳茹的个人利益产生极其重大的影响。本案中，北京大学在作出撤销博士学位的处理决定前，未给予于艳茹充分的陈述申辩和表达意见机会，侵害其程序性权利，有违正当程序原则。行政法中规定的正当程序原则，要求行政机关作出对当事人利益可能造成严重影响的行政行为时，需要遵循更加严格的正当程序要求。对影响较大的处理决定，当事人还有权要求进行听证。

（四）当事人的救济途径和渠道不畅

凡有权力的地方都应该有救济，救济是当事人请求行政机关依法采取的一种保护、纠正和补救制度。救济程序制度设计的初衷是实践中因违法或不当行为而利益受到侵害的当事人能获得救济，以彰显程序的保障机能。然而，现行的执行救济程序实施并不理想，一些因违法或不当行为所引发当事人利益受到侵害时却无法及时获得有效的救济，这与救济的立法缺失有关。具体而言，有两种情况比较突出：一是实体层面缺乏救济制度设计，直接导致了执行当事人从根本上就无法获得救济；二是救济的程序缺失，执行救济的产生是源于执行当事人认为执行行为不合法或者不适当，其个人利益被损害或即将受到损害，相应的救济程序不完善使得当事人难以获得有效救济。在执行救济行为的实施之前，执行争议就已经实际发生了。有争议就要解决，但是解决必须依靠一套完善的程序机制作保障，完善的程序制度应当包括以下几个要点：向谁提起争议解决、按什么样的程序实施，如果对救济的结果不满意怎么办等。然而，现行救济制度的程序机制还不够完善，即便救济制度建立，但是具体实施程序还是空白，当事人在救济实施程序中能否充分享有回避、陈述、举证、辩论、上诉等程序性权利并无法律保障，这种救济程序实施是在一个封闭的暗箱中完成，程序的不公开导致救济结果的正义性备受质疑。现行执行救济制度存在救济惠及面太窄、救济权利单一、救济方法贫乏、救济渠道不畅、救济程序缺失等缺陷。在于艳茹事件中，于艳茹为了维护自己的合法权益，前后共经历了从校内申诉到行政申诉再到行政诉讼的三种救济途径，凸显了救济渠道不畅的问题。

（五）缺少向当事人提供据以作出处理决定的事实、理由及依据

程序正当原则是对行政主体作出行政行为的最低限度的程序要求，其核心思想至少包括三个方面的要求：一是避免偏私原则，自己不能做自己案件的法官；二是要说明理由原则，说明具体事实和处罚依据；三是要听取当事人陈述申辩的原则，给予陈述事实和表达意见的机会。即行政主体有义务向当事人提供据以作出处理决定的事实、理由及依据。在本案中，北京大学虽然在事件发生后积极启动调查处理程序，但未及时向于艳茹公开案件调查的程序、调查获取的证据材料，以及处理决定生成所依据的事实与理由。虽然北京大学认定于艳茹存在严重的抄袭行为，作出撤销其博士学位的处理决定于法有据、理由充分、程序合法。但是法院审理认为，北京大学在处理决定里未能列出所适用文件的具体条款，故其可以认定为没有明确的法律依据，此外，本案所适用的法律也存在不当之处。行政机关在行使行政管理权的时候必须遵守合法行政的原则，这一原则要求行政行为必须做到于法有据，而法律依据必须是具体的，没有具体法律依据等于没有法律依据。本案中，虽然北京大学的处理决定写明了法律依据有《中华人民共和国学位条例》和《国务院学位委员会关于在学位授予工作中加强学术道德和学术规范建设的意见》等，但是并没有写明具体适用条款，未能将当事人的违规事实与具体适用的某一条款对应起来，使得处罚依据模糊不清，导致当事人不清楚违反了哪一条款，程序合理性的缺失减损了处理结果的正义性。

（六）媒体介入不当阻碍了程序正义

媒体介入是指媒体对案件发生、发展和结果进行合法的宣传报道，通过对外披露违规事实和处理结果，达到公开报道和评论维护社会公众的知情权、表达权和监督权。随着新兴媒体的飞速发展和广大民众对社会热点事件的关注，不规范的媒体报道会对司法公正产生一定的负面影

响，媒体介入程序不当可能会阻碍程序公正。媒体对案件信息的收集不像司法程序一样必须在法定程序内进行，因此媒体不可避免会有在“部分事实”范围内对案件作出判断的倾向，一旦形成媒体预判或舆论导向，就会在一定程度上使当事人在裁判中受到不平等对待，即违背了程序公正中“对各方当事人的意见给予平等关注”的内容，违反了“程序平等性”的基本要求。如在于艳茹案中，最初的时候，媒体使用“北京大学博士”“社科院博士后”“中国抄袭”等字眼给于艳茹贴上身份标签，标题抓住了民众的眼球，这样的舆论导向极易产生消极影响，导致作为查处主体的北京大学一时陷入“舆论风暴”，根本无法客观公正去调查处理这样一个普通的学术不端事件，北京大学校学位评定委员会居然以20∶0的投票结果，一致通过了关于撤销于艳茹博士学位的决定，媒体的不当介入妨害了程序正义，最终影响了实体正义的实现。此外，北京大学在未向当事人送达并签收《撤销决定》前，通过媒体对外公开进行新闻通报，媒体介入和报道的时间不当，北京大学的披露程序不当，也应当认定为程序违法。

长期以来，我国存在“重实体、轻程序，重结果、轻过程”的不良传统，实践中存在实体优于程序的错误做法，为了保障实体公正甚至出现了背离正当程序的事情。实践不止一次地证明，只有树立“程序法治”的理念，坚持“程序正义”的原则，实体上的正义才有保障。蔑视程序在实践中就容易造成行政权的行使简单粗暴，使人民群众合法的程序性权利受到不同程度的侵害，程序的不正义导致了实体不正义，最终动摇了人民群众对行政治理能力的信任。在本案中，由于北京大学的调查处理程序上存在明显问题，剥夺了于艳茹的知情权、参与权、表达权和监督权等程序性权利，所以法院完全没有必要去审查实体结论，就可以根据程序违法的事实作出判决结论，要求北京大学按照程序正当原则对查处程序进行纠正。至于北京大学会不会在补正程序之后，依然作出撤销于艳茹博士学位的决定呢？显然无法排除这种可能性。不论最终的处理结果如何，在程序上都必须体现程序正义，以正当程序保障当事人的程序性权利。尤其是像撤销博士学位这样涉及当事人重大利益时，必须给予当事人充分的陈述事实和表达意见的权利。只有通过合法、正当的程序来管理控制规范权力的运行机制，使权力的运行设置处于法制化轨道，严格遵循“程序法治”的精神和法定的程序步骤，才能从根本上避免权力运行的随意性、无序性、偶然性和不确定性。

三 于艳茹事件查处程序的反思

于艳茹事件在我国当代学术史、高等教育史上都具有极其重要的警示和启示意义，对于艳茹事件的深刻反思必将对我国学术不端行为治理产生积极而深远的影响。合法、理性的程序之治对学术治理来说具有至关重要的价值，既有利于维护学术界的尊严和良好形象，促进科学研究事业的健康发展，更是法治国家建设的内在要求。通过以上对于艳茹事件的梳理和查处程序的检视，引发了我们对于艳茹案查处程序的多方面思考，大致有以下几个方面。

（一）在预防和查处学术不端行为方面，法律、法规和规章制度供给是基础

学术不端行为，光靠学者们道德自律和学术共同体自治自净是不现实的，也是不能从根本上解决问题的，必须建立预防和查处学术不端行为的法律、法规和规章制度体系，确保各项制度供给充足，做到有案必查、有案严查，有法可依、有章可循。世界各国的大学和研究机构都会发生学术不端行为事件，美国也不例外，而且在相当长一段时间内，美国的科研不端查处发生的数量都是领跑世界的，正因为如此才迫使美国在预防和查处学术不端行为的制度建设方面，做了大量开创性工作，如率先在全国范围统一了科研不端行为的界定，颁布了《关于科研不端的美国联邦政策》，这是一个权威的纲领性文件，具有普适性，为全国所有单位查处学术不端行为提供了依据，另外还专门设立科研诚信办公室负责科研不端行为的查处工作，促进了科研不端行为调查处理的专业化。我国目前也在预防和查处学术不端制度建设方面做了大量的工作，如教育部、科技部、国家自然科学基金委、中国科学院、中国社会科学院等科研资助部门在《科技进步法》和《国家自然科学基金条例》等法律法

规基础上，出台了许多部门规章，科研不端查处的政策体系基本建立。从于艳茹案件中，我们可以看到，高校学术不端行为的查处制度规范也基本建立起来了，但是具体的查处程序设计却明显不足，导致许多案件的调查处理的具体操作欠规范，北京大学在调查于艳茹论文抄袭时依据有关规章制度进行，但在作出撤销于艳茹博士学位的决定前，没有充分地尊重和保护于艳茹的知情权、参与权、表达权和监督权，始终未让其查阅、复制、获取相关的证据材料，更没有让其有针对性地进行事实的陈述和意见的表达，在北京大学作出撤销学位的决定时，处理决定没有明确说明处罚的事实及相应的依据，在北京大学作出处理决定后，北京大学未及时送达于艳茹本人，而抢先通过媒体将处理决定对外公开发布新闻通报，在媒体披露程序方面亦存在程序违法。

（二）*在学术不端行为查处程序建设方面，正当程序原则要贯穿始终*

法治的核心是程序之治。一直以来，我国受到“重实体、轻程序”的传统思想观念影响，导致人们对程序的重要性认识先天不足，在实践中正当程序的原则难以得到贯彻，具体表现为无论是政府还是高校，按程序行使行政职权的意识普遍淡漠，程序正义观念落后，总以为只要结果是正确的，采取什么样的程序都不重要，根本没有弄清程序正义是实体正义的基础、没有程序正义就没有实体正义。田永诉北京科技大学等一系列案件充分表明程序不当在高校内部管理实践中非常普遍。依据《教育法》和《高等教育法》的相关规定，高校享有办学自主权，但是自主并不意味着可以不受程序规范的约束、不遵循正当程序的行政法原则、不体现程序的合理性，近年来，程序问题已经成为对高校办学行为合法性审查的重点内容。高校要积极把正当程序原则引入人才培养、教育管理和社会服务等各个领域，不断健全和完善参与、表达、听证、监督、送达和救济等一整套程序制度，实现高等学校内部治理程序的法治化。通观于艳茹案，“正当程序”是核心关键词。法院审理认为北京大学“应当遵循正当程序原则，在查清事实的基础上，充分听取于某的陈述和申辩，保障于艳茹享有相应的权利”。根据法院查明的事实显示北京大学调查小组曾经约谈过于艳茹一次，但约谈内容为《投石党运动》

一文是否构成抄袭问题，因此，北京大学不能以此认为已经听取了于艳茹的陈述和申辩意见，北京大学的查处程序“有违正当程序原则”。随着法治理念的持续深入，“正当程序”作为一项基本的法律原则，日益渗透到行政管理的各个领域，成为现代法治的重要原则和集中表现，其基本思想可以拓展为：无论法律是否作出明确规定，行使任何一项行政权都需要遵循正当程序原则，正当程序具有公正、透明、高效等内在价值。在当前行政权不断扩张的背景下，正当程序原则可以超越具体的法律规定，为否定明显违背法律精神的行政权，提供了法律基础。

（三）在学术不端行为查处主体方面，需要回避利益冲突

按照国内外通行的做法，学术不端行为查处主体的设置，通常是学术不端行为嫌疑人所在的大学或研究机构，调查处理工作主要依托所在单位开展内部调查处理，如有必要，才向上级有关单位、科研资助机构或者社会大众通报有关调查处理情况。无论是从单位自身人力、物力、财力和时间等方面的消耗来说，还是从单位的声誉的损害来说，曝光、查处学术不端行为都不是一件好事。可以说，没有任何一个单位从情感上愿意主动去“自揭家丑”。正是基于这些利益考虑，如果不从制度上去防止查处过程中的利益冲突，必然导致学术不端行为查处违背了程序正当原则，在程序的及时性方面就表现得非常明显，查处过程要么过于缓慢、要么过于快速，在具体的处理方式上存在两种极端现象，一种是查处主体的查处工作不力，包庇隐瞒，明知存在严重的学术不端行为，也瞒而不报或者大事化小、小事化了，采取故意拖延时间、冷处理，待舆论一阵风之后，再也不去重提，即使去调查处理也不过是象征性地做做样子；另一种是查处主体采取快刀斩乱麻、热处理，为了减少对单位的名誉损失，调查处理工作方法极其简单粗暴，查处程序极不规范，存在草率行事、匆忙结案的情况，迫不及待地与学术不端行为当事人划清界限，对在读的学生可采取开除学籍；对已经授予学位的毕业生可采取撤销学位；对在岗教师或专职研究人员可采取解聘、开除等处理措施。在于艳茹案中，北京大学作为一所国内顶尖大学，深陷“抄袭门”事件，此事件必然对其声誉造成难以估量的损害，北京大学方面自然想尽

快与当事人撇清关系，未能将程序正义原则落到实处，不但没能在此案件查处中体现出程序正义、规范的良好形象，反而在正当程序上栽了跟头，给其声誉造成了二次伤害。因此，在学术不端行为的查处程序设计上，努力做到回避利益冲突始终是努力方向，保障程序权利永远是价值追求。

第二节　集中撤稿事件及其启示

1942 年，美国著名科学社会学家默顿在《科学的规范结构》一文中提出，科学家的行为是受特定规范制约的，即默顿规范，指的是普遍主义（Universalism）、公有主义（Communism）、无私利性（Disinterestedness）和有组织的怀疑主义（Organized Skepticism）。科学研究是一项以诚信为基础的事业，当科研工作者面对私利，主动放弃了对诚信的价值追求，不惜违背科学道德和学术诚信，那么科学欺诈也会随着利益诱惑的增多而不断增加。近年来，全球科学技术快速发展进步的同时，世界各国普遍加大了对科研不端行为的治理力度，传统的抄袭剽窃等低水平科研不端行为事件发生率明显减少，但是自 2012 年以来，国际学术期刊出版集团发现了一种新的科研不端行为类型——同行评审造假，科研不端行为从过去的论文实验数据造假拓展到学术期刊出版领域，学术期刊被迫采取刊登撤稿声明的措施来应对此类科研不端行为。

同行评审造假这一科研不端行为，可以看作是 2015 年中国学术界的一个关键词，因为这一年里涉及中国学者论文的撤稿事件，一共有四次，涉事论文 117 篇，国外学术期刊出版集团 BMC、Springer、Elsevie 发起了三次大规模的撤稿事件。然而，国内学术界还没有从撤稿的阴影中走出来，2017 年 4 月，施普林格·自然（Springer Nature）出版集团又一次发起了创纪录式的大规模集中撤稿，一次性撤销了中国学者 107 篇论文，刷新了学术界关于撤稿数量的多项纪录，如此集中的撤稿事件引起了国内外学术界的高度重视，其中的根源问题和治理对策值得深入研究。

一 集中撤稿事件简介

2017 年 4 月 20 日，学术界再次爆出大规模撤稿事件，世界著名学术出版集团施普林格·自然（Springer Nature）公开发布撤稿声明，宣布再次发现大规模同行评议造假，决定一次性撤销 107 篇来自中国学者的论文。虽然 2016 年年底涉事杂志《肿瘤生物学》（*Tumor Biology*）已经与施普林格出版集团解除了合作关系，但本次 107 篇涉事论文是由该期刊 2012 年至 2016 年所刊登，因此，我们可以把本次撤稿事件看作是继 2015 年该集团大规模撤稿事件后的又一次更大规模的撤稿事件。此前的 2015 年 8 月，施普林格一次性撤回旗下 10 本杂志中的 64 篇，而这次却是 1 本杂志里的 107 篇，而且全部是来自中国学者的论文。从施普林格发布的撤稿声明可以看出，两次撤稿的原因完全相同——同行评审造假，即伪造审稿人和同行评审意见。

著名学术打假网站撤稿观察（Retraction Watch）在报道中感叹道，这次撤稿事件刷新了该网站创立以来论文同时被撤稿的最高纪录。为什么会出现 1 本杂志里的 107 篇论文因为完全相同的原因被宣布同时撤回的创纪录事件呢？因为自 2012 年以来，国际学术期刊出版集团已经陆续发现了同行评审被滥用的情况，但是因同行评审造假被撤稿的论文数量只占每年庞大撤稿量的一小部分，并未引起出版集团的更多关注，但是随着造假数量和被撤稿数量的不断增加，到了 2015 年同行评审造假问题逐渐突出。所以施普林格旗下的《肿瘤生物学》杂志加大了对同行评审信息审核力度，并且重点反查了近 5 年（2012—2016 年）发表的所有论文，通过审查就发现了这批 107 篇同行评审造假论文。因此，此次集中撤稿事件实际上是 2015 年撤稿事件的延续。施普林格指出，同行评审造假就等于论文的投稿者“既是运动员，又充当了裁判”。

2015 年，国外学术期刊出版集团发生了三起大规模撤稿事件，三大出版集团共撤下 114 篇中国作者的论文。本次又有 107 篇论文因同行评审造假被撤，撤稿事件深深地刺痛了中国学术界的神经，给学术界造成了严重的负面影响，极大地损害了我国的学术形象。通过这几起集中撤稿事件我们可以发现几个问题：一是国内的科研环境需要治理，撤稿是学术界的一个正常现象，但是如此大规模的撤稿充分暴露了造假是一种有组织的行为，科研人员违反科学规范是个系统性问题，早已不是少数道德缺陷科研人员出现的偶然现象；二是大规模有组织的同行评审造假，其背后一定存在推手，集中撤稿事件暴露了国内存在专门从事论文代写代发的灰色产业链，他们已经成为专业化的“第三方”造假机构，而且作案手法非常隐蔽；三是大规模的同行评审造假也折射出学术期刊的同行评审机制本身存在不完善的地方，作者自荐审稿人和缺乏透明性是其制度性缺陷，严谨性有待完善。本次集中撤稿事件中，论文作者和“第三方”中介的责任不可推卸，共同完成伪造同行评审人信息和同行评审意见。

本次集中撤稿事件也暴露出《肿瘤生物学》期刊自身的诸多问题，比如期刊编辑对评审专家的学术信息审核不够严格、对评审专家提供的评审意见审查不够细致、防范造假的内部控制机制不够完善等问题。施普林格出版集团自动发起反查，并与之解除了合作关系，显然是与同行评审造假及其引发的集中撤稿事件密切相关，从某种意义上说，解除合作关系也是其督促学术期刊完善管理的措施之一。对于学术期刊而言，可以通过完善同行评审控制机制、减少漏洞，降低因同行评审造假被撤稿事件的发生概率。但是近年来国内多次出现同行评审造假事件，那些打着“论文修改润色”的幌子，实则进行论文代写代发甚至是专业从事论文买卖的“第三方”中介机构，他们才是学术期刊和科研管理部门需要联手打击的共同“敌人”。

二　集中撤稿事件查处程序检视

本次《肿瘤生物学》期刊集中撤稿事件发生后，经过国内外媒体大量报道（包括 *Nature*、科学网、新华网和人民网等），引起了学术界、政府和社会公众的极大关注。为了净化国内学术风气，进一步打击科研不端行为，作为中国科技工作者的群众组织——中国科协高度重视此次集中撤稿事件，中国科协有关领导主动与施普林格·自然出版集团就集中撤稿事件进行了沟通，在全面了解有关撤稿事件的基本事实的基础上，决定成立由科技部牵头、相关部门参与的联合工作组，对学术期刊集中撤稿事件进一步处理，联合工作组成立以后首先是研究制定了“五统一”的工作方案，即“统一的工作部署、统一的彻查规范、统一的核查程序、统一的处理尺度和统一的工作进度”，本次查处工作具有五个特征：一是从查处范围上说，要对所有撤稿论文逐一彻查，实现全覆盖无死角；二是从责任追究上说，要甄别责任，区分主次责；三是从处罚力度上说，要公开通报情况，严肃处理；四是从工作方法上说，要坚持问题导向，始终眼睛向内，从自身查找原因；五是从工作态度上说，要坚持以“零容忍”的态度，坚决打击学术不端行为，遏制其进一步滋生蔓延。

科研诚信建设联席会议召开专题会议，研究处理撤稿论文造假工作，按照党中央、国务院领导关于本次国际期刊集中撤销中国作者论文事件的指示精神和国务院专题会议部署要求，听取了科研诚信建设联席会议办公室关于集中撤稿事件应对工作的汇报。撤稿事件发生后，科研诚信建设联席会议各成员单位协同推进，积极应对，取得了积极进展。科技部牵头、联合了教育部、卫健委、自然科学基金委和中国科协等与本次撤稿事件关系密切的几个部门，成立撤稿查处的联合工作组，制定了统一的撤稿论文涉事责任主体处理规则，印发了彻查处理工作方案，按照统一的彻查要求和处理规则，从行政调查和专家评议两个方面，实事求是对论文造假情况、论文质量、论文署名情况、撰写发表过程、代写代投第三方机构情况、论文作者承担项目情况、论文使用情况、论文发表费用及支付情况等开展彻查，确保做到对造假作者严肃惩处，对无过错的作者及时澄清。同时对涉事论文作者承担计划项目、基金情况全面排查，对涉事论文作者正在承担或申请的科研项目、基金予以暂停。科技部与教育部、卫健委、自然科学基金会、中国科协等部门联合发函，商请中央网信办开展代写代投“黑中介”清网工作并进入实施阶段。

经过联合工作组从三个方面进行了深入细致的核查，一是排除无过错的论文及作者，调查发现107篇撤稿论文中无过错的论文1篇、重复计算的论文有2篇，此外，107篇涉及的作者有521人，其中无过错的作者11人，联合工作组对无过错的论文及作者进行了澄清；二是对提供虚假同行评审的责任主体进行了区分，调查发现由第三方机构完成造假的有95篇，其他6篇由作者自行提供；三是对论文内容的完成主体进行了排查，发现在101篇论文中，有12篇系作者向第三方机构购买论文，其余的89篇由作者完成，调查组在调查基础上进一步对这89篇论文进行了学术评议，经专家评议认定其中的9篇存在内容造假。此外，对暂时尚未查实的24人采取了临时性行政措施，按程序先将其纳入科研诚信的“观察名单”，有待于进一步处理。

联合工作组对本次集中撤稿事件的查处程序进行了创新，采用了“三调查、两确认、三公示”的查处程序。由于虚假同行评议是国外学术期刊发起大规模集中撤稿事件的起因，而同行评审造假是近年来国内出现的科研不端行为新类型，目前国内在解决此类问题方面还处于探索阶段，尚无查处此类科研不端行为的具体操作规程，为了更好地从集中撤稿事件查处实践中总结得失，我们以程序正义为视角，对本次集中撤稿事件的查处程序进行检视和分析，试图探讨查处程序运行实践中的有关问题，总结经验教训，以期为今后构建科学、合理、高效的查处程序制度，完善科研不端行为查处的阶段性程序提供有价值的参考。

（一）查处过程中坚持调查和处理的程序分离、行政调查和专家评议相结合的原则

科技部牵头相关部门参与的联合工作组对107篇集中撤稿论文的处理原则是逐一彻查，严肃处理，向社会公开，以“零容忍”的态势遏制学术不端行为。联合工作组明确了调查的对象是107篇撤稿论文的涉事责任主体，坚持实事求是、区别对待的原则，厘清涉事作者的主、次责任情况、同行评审造假的实施主体，从行政调查和专家评议两个方面，实事求是对论文造假情况、论文署名情况、撰写发表过程、代写代投第三方机构情况、论文作者承担项目情况、论文使用情况、论文发表费用及支付情况等开展彻查；对论文质量的评估通过专家评议的方式进行。

在查处过程中坚持调查程序和处理程序分离的原则，将调查细分为三级体系，即涉事作者自我调查（自查）、涉事作者所在单位核实调查（核查），有关主管部门对所在单位的调查工作开展监督调查（督查），监督的内容则包括结论和程序，既要对查处结论和处理依据进行讨论、审议，也要对查处程序的科学性、合理性、规范性进行审查。

（二）查处过程中坚持查处程序公开透明的原则，实施三级公示的程序公开机制

本次107篇撤稿论文的彻查，最大限度地坚持了程序公开的原则，论文造假涉事责任主体能够及时了解调查进展，对于调查结论和处理结果也做到了及时面向社会公众通报，为了体现查处的公平公开公正原则，实施三级公示的程序公开机制，将公示细分为三个层级体系，即各涉事作者所在单位公布本单位论文造假的调查结论和相应的处理意见、各科研管理部门发布本系统所有涉事单位的查处情况、联合工作组向社会公开通报集中撤稿事件总体查处情况，三级公示机制充分体现了查处程序的公开公正，有利于消除社会公众对调查工作公平公正的疑虑，提升科研不端行为查处结果的可信性，消除科研不端行为人对处理结果的抵触心理，也有利于对其他科研人员形成强大的威慑力，三级公示机制也为科学共同体和社会公众对调查处理过程的监督创造了条件。

（三）调查空间安排上坚持内部调查和外部调查相结合原则，注重查处工作的外部监督

本次集中撤稿事件坚持调查工作的分级机制，体现了调查空间安排上的内部调查和外部调查相结合原则，是科研不端行为调查工作的一大创新，由论文涉事作者进行自我调查（自查）作为调查活动的基础性工作，在涉事论文作者自查的基础上，再由所在单位核实调查（核查），对自查材料进行逐一核实调查，减少了所在单位的调查工作量，核查本身也是对作者自查的一种监督，而有关主管部门对所在单位的调查工作开展监督调查（督查），这又是对涉事单位核实调查工作的监督，监督的内容既包括调查的程序，也包括调查的结论，监督的方法可以是抽查

调查的资料，也可以是实地调查走访，听取撤稿论文作者的申辩或者对调查工作的意见建议。此外，三级公示机制也为实施查处工作的外部监督创造了有利条件。总的来说，集中撤稿事件的查处工作做到了内部调查和外部调查相结合，自觉主动接受外部监督，查处的阶段性程序相对完善，体现了程序正义要求。

（四）查处过程中坚持维护当事人程序性权利的原则，充分尊重了查处对象的知情权、参与权、表达权、监督权和人格尊严

一方面，本次集中撤稿事件的调查规则中，明确规定初步调查由撤稿论文作者自查完成，给予了涉事论文作者充分的参与权、知情权，涉事论文的全部作者都可以了解到从论文的构思、写作、署名、投稿、发表到被撤稿等一系列过程的真实情况，有利于进一步明确论文造假的实施主体和相应的责任主体，造假者、参与者是否应当承担责任、应当承担多大的责任。另一方面，本次集中撤稿的涉事单位将调查取得的事实材料和初步处理意见与各责任人“两见面”，听取涉事论文作者的陈述和申辩，从程序上维护了当事人的陈述权和申辩权，确保查处结论的认定经得起历史检验，处理结果经得起质疑，“两见面”和“两确认”保证了查处的造假事实和处理结论公平公正公开。

（五）查处过程中对查处对象实施了临时性行政措施

根据教育部办公厅转发科技部、中国科协《关于对集中撤稿论文涉事作者处理的指导意见的通知》和《教育部科技类学风建设办公室关于妥善落实集中撤稿事件涉事作者处理意见的通知》的文件精神，有关科研资助管理部门对涉事作者及时采取了临时性行政措施，如科技部宣布对尚未确定责任的作者所参与申请的国家科技计划项目（课题）暂停立项程序，下一步将依据有关单位的调查和责任认定情况，在责任确定之后，对无过错作者未决的申请项目再恢复立项程序。另外，中国工程院也根据对涉事作者的调查情况，及时暂停了 1 名院士候选人资格。临时性行政措施既防止了涉事作者继续申请和滥用宝贵的科研资源，也保护了尚未定责当事人提交的未决的资助申请。临时性行政措施有效地实现了社会公共利益和当事人个人利益的平衡，维护了社会的公平正义。

（六）创新实施了类似于“黑名单”的处理程序，将主要责任人列入科研失信行为记录数据库

针对本次集中撤稿事件中的主要责任人，综合考虑他们具体的违规情况，如造假的严重程度、恶意程度、影响程度、违规动机、认错态度、是否涉及基金资助项目、是否主动承担责任、是否为独立造假事件、是否为“五不准”发布后出现的造假行为等多种因素，采取了一个新的处理措施和程序，类似于美国国家科学基金会的“黑名单”制度，把造假主要责任人列入科研诚信严重失信行为记录数据库，同时，该记录数据库还特别设计了“观察名单”机制，对尚未完成调查工作的极少数失联作者或者需要进一步查实的论文及其涉事作者，暂时纳入科研诚信严重失信行为记录数据库的“观察名单”，待调查结论形成以后，再视情况做一次变更，将其移入“正式名单”或者移出“观察名单”，体现了对“黑名单”实行动态化维护机制。

三 集中撤稿事件查处程序反思

集中撤稿事件可以说是近年来我国发生的一个重大突发性科技事件，是2015—2017年连续发生的国际学术期刊出版集团对我国学者采取撤稿事件中规模最大、影响最深的一次。107篇中国学者论文被撤稿事件经过国内外众多媒体的报道，对国内学术界产生了极恶劣的影响，如果不能及时有效地进行调查处理，化解国际学术期刊对中国科研人员的信任危机，势必会对我国学术界乃至国家声誉产生持续的负面影响。然而我国在应对此类突发性重大科技事件方面仍然缺乏经验，应对大规模撤稿事件的长效机制尚未建立，缺乏开展调查处理工作的具体操作策略和实施程序。如何治理集中撤稿事件，严厉打击论文造假的相关责任人，成为摆在我国科研管理者面前的一道现实问题，既是对我国科研管理部门治理科研不端行为能力和水平的一次考验，也是我国实施科研不端行为查处机制创新的一个难得机遇。

集中撤稿事件的查处是近年来我国治理科研不端行为的一个标志性事件，也是我国净化学术生态、优化学术环境的节点性事件，在我国当

代学术史、科技史上都具有极其重要的意义，对集中撤稿事件查处工作的深刻反思必将对我国科技界产生积极、深远的影响。完善科研不端行为查处程序是治理学术造假的重要核心内容，既是我国完善科研不端行为查处机制，体现国家科研管理能力和水平的现实需要，更是维护我国科技工作者的良好形象，赢得国际学术界对中国科技界的尊重和信任的内在要求。对集中撤稿事件查处机制所引发的思考是多方面的，通过对本次集中撤稿事件查处程序的检视分析，我们得到以下几个方面的启示。

（一）在集中撤稿事件的查处制度和实施程序方面制度供给较充足

本次集中撤稿事件查处依据既有法律、法规和部门规章，如《中华人民共和国科技进步法》《事业单位人事管理条例》《事业单位工作人员处分暂行规定》等，还有党规党纪《中国共产党纪律处分条例》，除此之外，科技部和中国科协还为本次集中撤稿事件专门制定下发了《关于对集中撤稿论文涉事作者处理指导意见的函》，这是处理本次集中撤稿事件的重要依据，各涉事高校或医院据此再制定具有操作性的处理规程，是对查处集中撤稿事件的现有制度体系的具体补充，具有明确的针对性和可操作性。伴随着科学技术的发展进步，科研不端行为也在不断呈现出新的类型，造假的阶段也从论文撰写环节拓展到论文发表环节，其造假的手段也越来越隐蔽，被发现的概率非常之低，如在论文发表阶段的造假不太可能由论文的读者发现，因为只有期刊编辑才有接触虚假的同行评审的机会，面对这些新的科研不端行为类型，已有的查处制度规范难以适应新的查处工作需要了，必须完善科研不端行为的查处制度，确保查处制度供给充足。世界上很多国家都有应对科研不端行为事件的制度，但是各国在查处科研不端行为制度建设方面，也存在一些差异，就我国而言，目前已经出台了许多法律法规规章制度，政策体系基本建立。科技部、教育部、国家自然科学基金委、中国科学院等主要科研资助机构都有预防和查处科研不端行为的处理办法。在《关于对集中撤稿论文涉事作者处理指导意见的函》中，明确规定了对同行评审造假责任人的处理尺度和政策界限，指导意见中包括造假行为的认定细则和违规行为的分类处理与责任追究。

（二）在集中撤稿事件查处程序方面，实现了调查程序与处理程序相分离，体现了当事人的程序性权利和人格尊严得到了尊重

调查与处理是科研不端治理的两大核心内容，长期以来，科学共同体普遍认为调查和处理的程序分离是实现程序正义的关键，本次集中撤稿事件的调查与处理实行了程序分离，在调查与处理关系的协调上迈出了重要步伐，取得了一定的效果，也是本次彻查工作的一大亮点，特别是将调查工作重心下移，设计了调查工作的三级协作体系，由涉事作者作为科研不端行为责任人开展自我调查（自查），有利于减少涉事作者所在单位用于开展调查工作的人力物力财力消耗，也更容易获取真实可靠的调查结果，同时也给了科研不端行为当事人一个认真反思并主动陈述的机会，作为涉事作者所在单位需要在当事人初步调查的基础上开展核实调查（核查），重点是对涉事作者自查结果中有关资料进行审查，接受当事人针对案件的有关申诉，核实调查环节对当事人自查报告中的调查结论可以予以认可或者推翻，当涉事作者所在单位对已有调查结果作出否定后，必须对该案件重新开启调查取证工作。作为涉事作者所在单位的有关上级主管部门也要切实履行其监督的职责，对涉事单位的调查工作进行监督调查（督查）或者具体业务指导，监督的内容包括调查的程序和调查的结论。可以说本次集中撤稿事件不仅实现了调查与处理的程序分离，而且细分的三级调查程序（自查、核查、督查）也实现了相对独立，在实施调查和处理的过程中紧紧抓住告知、质疑、调查和判定等几个环节，这些都充分体现了程序的公正、透明、规范等价值要素。

（三）在集中撤稿事件查处程序设计方面，实施了科研诚信严重失信记录的“黑名单”制度

“黑名单”是对我国现有科研不端行为查处制度的创新，这个做法上的创新不是对国外某些管理部门实施的科研不端“黑名单”有关制度的简单复制和引进，而是在增设科研诚信严重失信记录（“黑名单”）程序的基础上，创设了“黑名单”（即“禁止名单”）和“观察名单”两种记录机制。本次集中撤稿事件的处理参照了国外通行的做法，将严重科研不端行为人列入“黑名单”，让科研不端行为人在一定的期限内禁

止接受来自政府的科研资助，从而保护国家公共的科研资源不被滥用，对于一个科研人员来说，禁止申请或者参与申请政府科研资助，一定程度上限制了其继续从事科学研究活动的权利，因此这是一种需要慎重实施的非常严厉的处罚程序。本次集中撤稿事件除了将21个严重失信人列入“黑名单”外，还有一部分需要进一步查实的论文和涉事作者，以及极少数暂时“断联”和“失联”的作者列入了“观察名单”，这些特殊情况可能在经历作者的“断联”和“失联”到“复联”后，能够查明撤稿事件的真相，最后对其作出从“观察名单”移出或者移入“禁止名单”的变更。当然，在实施科研诚信严重失信“黑名单”制度的时候，也要充分考虑严重失信者的违规情节。

（四）在集中撤稿事件查处程序公开和宣传报道方面，做到了程序主动公开和媒体有序介入报道

在本次集中撤稿事件的查处工作中，由于107篇涉事论文来自不同的高校、医院或其他科研单位，牵扯不同的上级主管部门，如卫生部、科技部、教育部、国家自然科学基金委等，因此集中撤稿事件查处联合工作组必须采取统一的查处规则、统一的实施程序，对所有的107篇撤稿论文按照查处程序公开的原则，逐一对其进行调查核实，将调查结论和处理结果与论文造假涉事责任主体实行“两见面”程序，确保涉事论文责任主体及时了解情况，维护其知情权、陈述申辩权和听证权等。各涉事作者所在单位在完成本单位所有涉事论文查处结果的基础上，通过在官方网站发布公告等多种形式主动公开其具体处理意见，作为涉事单位的各上级主管部门则需要在收集各下属单位查处结果的基础上发布本系统的总体查处情况。最后就是负责本次集中撤稿事件查处工作的联合工作组向社会公开通报整个查处工作的总体情况，2017年7月27日，联合工作组在北京召开了集中撤稿事件查处情况新闻通气会，邀请了国内十多家主流媒体，如新华社、《人民日报》、《光明日报》、《科技日报》、中央电视台、中央人民广播电台等，由科技部的贺德方代表联合工作组，向记者通报了《肿瘤生物学》集中撤稿事件查处的总体情况。三级公开机制充分体现了程序公开公正，特别是举行集中撤稿事件查处

新闻通气会，主动邀请新闻媒体介入，这既是对查处工作的监督，发挥新闻媒体的监督职能，也是维护广大社会公众的知情权，同时也是充分利用此负面案例对广大科技工作者进行的一种教育引导和提醒。

集中撤稿事件查处工作的启示是，在实施科研不端行为查处工作时，查处程序要遵循正当程序原则，维护当事人的程序性权利和人格尊严，使查处结果更具社会公信力，以程序正义维护实体正义。在对涉事论文的处理上，不管是论文造假的主要责任人还是次要责任人，按照处理程序对相关责任人分别给予党纪、政纪、学术等方面的相应处理。

本章小结

本章选取了近年来两个科研不端行为查处典型案例作为剖析对象，分别代表查处程序违法和查处程序正义，这是正反截然不同的两个案例，通过对北京大学查处于艳茹抄袭事件程序违法案例的剖析，从实际操作层面分析科研不端行为查处程序所存在的问题，探讨科研不端行为案件查处制度中程序规范存在的主要漏洞和弊端，通过查处案例的剖析来发现科研不端行为查处程序设计方面的缺陷，以弥补科研管理部门主动查找却未能发现的体制机制问题，为下一步修订和完善现有的查处程序制度奠定了基础。通过对国际学术期刊集中撤稿事件发生后，国内科研管理部门后续开展的查处程序进行分析，阐述了在本次集中撤稿事件查处程序优化方面进行的一些卓有成效的探索，取得了良好的效果，为下一步构建符合程序正义的科研不端行为查处程序积累了经验、创造了条件。

第六章 科研不端行为查处程序制度的构建

我国主要科研资助管理机构历来重视科研诚信建设。近年来，国家自然科学基金委围绕“捍卫科学道德，反对科研不端”开展了大量卓有成效的工作，经过多年的艰苦探索，初步建立起了一套“教育为本、制度健全、监督有力和惩处有效”的科研诚信建设体系，并将科研不端行为的查处列为科研诚信体系建设的重要内容，将其与科研诚信教育放在同等重要的地位，始终以“零容忍”的态度对待科研不端行为，经过多年的实践，取得了明显的成效。但是，随着国内科学研究事业的蓬勃发展，科研人员对科研资源的竞争压力不断增大，科研不端行为的类型和表现形式也在不断变化，相关案件数量在持续增多，形式日趋复杂多样，极少数案件呈现出有组织性，科研不端行为的查处仍然面临诸多问题，科研不端行为的治理永远在路上。

随着依法治国基本方略的持续深入推进，法学理论界和法律实务界对程序重要性的认识不断深入，人们开始越来越多的关注程序法治，而程序法治的核心是正当程序，即程序正义，在科研不端行为的查处制度体系中，也要以完善程序制度为核心，将科研不端行为的查处程序制度建设作为科研不端行为治理制度的核心，设计一套涵盖举报受理、调查处理、申诉救济等程序性环节的科研不端行为查处程序制度，为科研不端行为的查处建立标准化的程序。本章内容主要包括科研不端行为的查处程序构建的基本思路、重点内容、配套机制和域外经验四个部分。首先，提出了科研不端行为查处程序构建的基本思路，从科研不端行为界定政策标准统一化入手，提出了查处机构独立化设置的设想，接着分析了查处工作专业化的要求和查处程序标准化的思考。其次，对查处程序制度建设的重点内容进行了研究，提出完善查处程序制度的基本框架。再次，对科研不端行为查处程序制度的配套机制进行了分析，进一步阐述了科研不端行为查处程序有待完善的几个机制。最后，从域外经验借鉴层面，系统介绍了美国独立“第三方”机构 ORI 的历史演变、管理体制、运行机制及其对我国的启示，进一步开阔了我国科研不端行为查处制度完善的思路。

第一节　科研不端行为的查处程序构建的基本思路

本节内容以科研不端行为查处程序制度的正义性、科学性、规范性为视角，审视国内现有的科研不端行为治理文本制度，从科研不端行为政策统一化的必要性入手，分析“双轨并行”立法模式的意义，提出了查处机构独立化的设想，分析了查处工作专业化的要求、形成了查处程序标准化的基本思路。

一　查处政策的统一化

科研不端行为的查处制度设计是开展治理工作的前提和依据，具有基础性和先导性特征，查处政策制定的科学性、可行性和查处程序的正当性是科研不端行为治理能力和水平的集中体现。科研不端行为查处的法律制度设计有统一立法和分散立法两种模式，各有其优缺点。统一立法模式的优点在于立法成本较低，从实体和程序上为科研不端行为查处提供了全国统一、普遍适用的标准，所有的科研不端行为案件都可以据此予以查处，从而避免了分散立法存在的政策标准的不统一以及重复、烦琐等弊端，但是这种模式也存在缺点，就是难以适应日益复杂的科研不端行为案件查处的现实需要，难以解决特殊问题。分散立法模式的优点在于，容易把具体的科研不端行为、查处的具体程序和惩罚性措施联系起来，便于实践中直接运用，具有适应性强、针对性强、指导性强等特点，同时，这种立法模式还能及时反映实践需要，解决科研资助机构对科研不端行为当事人处罚的特殊问题。其缺点就是立法成本较高，不同的科研资助机构对科研不端行为的认定、查处的依据和处罚的措施各不相同，造成标准不统一，程序不健全，处罚措施五花八门，在涉及“多重资助”的科研不端行为案件查处实践中，容易产生不统一、不科学、不公正，甚至出现处罚措施交叉、重复的情况。

我国的科研不端行为查处制度建设，一方面要分析总结我国积累的立法经验；另一方面要积极吸收借鉴国外比较成功的立法模式，并在此基础上，逐步形成具有中国特色的立法模式，即“双轨并行”的立法模式：既制定一个通则式统一的科研不端行为查处制度，对科研不端行为进行统一的界定；对不端行为的类型、范围、标准；查处的基本原则；调查、处理和救济的程序；临时性行政措施；主要惩戒性措施等作一般性规定。同时，也可以保留各科研资助机构制定单行规章的权力，鼓励科研资助机构结合各自资助项目的特点，制定更加贴近实际的、具体的、详细的、可操作性强的规定。采取这种“双轨并行”的立法模式，既解决了科研不端行为查处政策的统一化问题，有利于为重大的、原则性问题的判定和裁决提供统一的标准，避免有关查处机构自定标准、各行其是，也有利于在具体问题上照顾到各部门的特点，不搞“一刀切”，同时，还有利于解决实践中存在的某一科研不端行为涉及“多重资助”的问题，由此产生了一个科研不端行为案件有多个查处责任主体，却不知道依据哪个制度进行查处的现实困境。

二　调查机构的独立化

长期以来，研究机构和科研资助管理机构都是治理科研不端行为的责任主体，世界各国对此已经形成基本共识，举报受理和查处工作都是由这两个机构独立或者协调配合完成的，无论是研究机构还是科研资助管理机构，都与科研不端行为嫌疑人之间存在明显的利益冲突，研究机构与当事人存在人事关系或者劳动关系，查处科研不端行为可能影响单位自身的社会声誉，科研资助机构与当事人存在资助和被资助关系，查处科研不端行为会影响到科研资助机构的声誉和科研资助的质量。一般来说，对于科研不端行为的举报，无论是研究机构还是科研资助机构受理，基于固有的利益冲突，查处工作往往存在随意性较大、可信度不高，公信力较弱，因此，调查的结果常常备受社会公众质疑，究其原因，主要是调查机构不独立，在这样的背景下，第三方独立调查机构逐渐进入人们的视线，近年来，社会公众的呼声很高，普遍对其寄予厚望，希望能够看到真相。

所谓的第三方机构是指非官方性质的、没有政府支持的、能够独立开展调查工作的机构，它与委托方和被调查对象不存在任何利益关系、也不存在任何可能影响调查结果客观性的调查机构。独立调查机构具有三个独特优势：一是调查主体的独立性，不受制于任何机构，能够有效避免利益冲突；二是调查结果的客观公正性，调查工作在阳光下运作，能够从专业角度进行客观分析、评估、认定；三是调查信息发布的权威性，调查结论的可信度高，容易获得信任和肯定。科研不端行为尤其是涉及科研资助项目的不端行为案件调查具有特殊性，在调查主体的设置方面，存在科研资助机构和研究机构调查权限和任务的分配问题，在调查委员会的组建方面，存在相关领域同行专家和伦理、法律专家的协作问题，科研不端查处工作可以委托给第三方独立调查机构去具体实施，科研不端行为调查责任主体负责对调查过程进行监督、对调查结论进行评估验收，通过科研不端行为调查责任主体和调查实施主体的权力和责任相分离，优化了查处工作的实施程序，有利于维护调查结论的公正性和公信力。

三 调查工作的专业化

与一般的调查工作不同，科研不端行为调查工作具有极强的专业性，对调查人员的资格条件要求很高，科研不端行为调查工作需要符合三个必要条件，一是调查工作必须符合相关的法律法规，并遵循调查机构的相关原则和关于保密、保护当事人合法性权益等方面的规定；二是调查团队需要具备特定的技能，如文献分析、书面调查、重复实验、数据处理、图像比对分析等专业技能，熟悉调查取证工作的程序和要求；三是调查委员会成员需要具有良好的职业道德、较强的责任感，调查工作中能够做到坚守诚信、办事公道、尽职尽责。在科研不端行为调查实践中，绝大多数的不端行为已经不是停留在简单的文字抄袭上了，因此调查工作也不是一目了然、简单比对即可得出调查结论的了，而是需要通过专业的手段，进行重复实验才能完成。

比如在自然科学领域出现的伪造实验记录、篡改实验数据、排除关键性存疑数据和图像等行为，即使是同领域的专家也无法直接作出判断，有时候需要通过书面调查、文献分析、查看实验记录、进行重复实验等专业化手段进行验证。美国研究诚信办公室就是一个专业的第三方独立调查机构，虽然一般情况下它是通过委托和监督研究机构开展调查取证工作，而不是直接参与科研不端行为举报的调查工作，但是它在生物医学领域拥有强大的调查专家团队，能够确保在调查的任何阶段向研究机构提供调查帮助和咨询服务，比如提供调查方式的建议或法律帮助，以及提供针对特定不端行为指控进行调查的专业咨询意见；此外，ORI 还可以提供一些证据材料检验的分析帮助服务，比如对调查获取的存疑数据进行专业化的数据分析验证、通过图像处理软件对存疑的图像进行专业分析，对一些好到难以置信的实验数据，通过检验来实现对主要存疑数据的核定等。

四　查处程序的标准化

随着科研不端行为举报案件的不断增多，人们对于调查处理工作的正义性、科学性、规范性也日益关注。如何从调查工作中获取相关证据并确保其真实性与完整性，是当前世界各国科研不端行为调查工作共同面临的重要课题。调查取证标准化程序的构建，能够规范引导调查实施主体的取证行为，最大程度保证所获得证据的真实性和所采取程序的合法性，为调查结论的认定提供具有可操作性的判断标准，对于案件查处结果具有重要意义。科研不端行为调查处理程序的标准化是治理工作规范化的保证，只有遵循一套程序规范的操作流程，以严密的阶段性程序去规范调查处理行为，才能防止调查处理工作中可能存在的漏洞。规范科研不端行为的查处工作，必然要求查处过程体现程序正义、事实认定做到客观公正、办案结果符合实体公正。

通过对国内主要科研资助管理机构和研究机构的查处制度进行了梳理，尚未发现有关“科研不端行为查处工作操作规程”，这可能与我国长期以来“重实体、轻程序”的法制传统有关，近年来虽然法治建设如火如荼，法治理念已经深入人心，但程序法治仍然徘徊在法治门外，《行政程序法》至今没能出台，有关程序的规定散见于各种法律法规政策中，而且相关的内容大多只是原则性规定，程序相对比较简单，也缺乏可操作性。因此，鉴于科研不端查处工作的特殊性，应当将“科研不端行为查处工作操作规程”建设作为完善查处程序制度的重点内容，在梳理《中华人民共和国科学技术进步法》和《国家自然科学基金条例》等有关法律法规政策基础上，特别是其中关于科研不端行为查处程序的规定，按照程序正义理论和尊严价值理论对查处程序正义的基本要求，结合科研不端行为调查处理具体实践，进一步明确科研不端行为查处过程中必须遵循的内部和外部程序要求。

第二节 科研不端行为的查处程序构建的重点内容

一 案件调查与处理的程序分离机制

国家自然科学基金委《处理办法（试行)》第二十二条对科研不端行为的调查工作做了明确规定，对于符合立案条件的科研不端投诉和举报，需要成立调查组进行正式调查，调查组的具体职责有两个：一个是负责案件的调查核实工作；另一个是负责撰写调查报告。同时在本条规定的第五款还明确了调查报告的主要包括四项内容：一是调查的对象与内容；二是调查获取的主要事实与证据；三是调查组与被举报者的谈话情况；四是调查结论与处理建议等。对于调查报告书上所规定的第四项内容，笔者认为如能将处理建议从调查报告书中分离出来，则更为妥当，既符合国际上对科研不端行为案件调查处理过程中调查和处理分离的普遍做法，又不违反我国现有的法律法规政策规定。此外，如果将处理建议的内容写入科研不端调查报告书中，这似乎也有悖于“调查报告”这一特定词汇的基本含义。

科研不端行为的调查和处理的机构分离是案件查处程序分离的前提和基础。科研不端行为的调查是指查处主体组织科学共同体成员运用专业知识形成的独特优势，对投诉和举报内容的真实性进行全面深入的调查分析，调查组需要重点弄清以下几个方面情况：①对事件的性质和科研不端行为的严重程度作出判断；②对具体违规情节和科研不端行为人的恶意程度进行判断，是诚实的错误还是明知故犯；③科研不端行为是否涉及科研资助项目，是否对其他利益主体造成严重的损害，如抄袭剽窃对象、科研合作对象、有关学术期刊、本人所在研究单位或者社会公共利益；④科研不端行为是否为偶发的独立事件，还是属于有组织的科研不端行为的一部分；⑤科研不端行为人在不端行为事件中的角色以及应当承担的责任。以上这些既是科研不端行为调查主体需要完成的重点工作，同时也是科研不端行为处理主体制作处理决定的重要考量因素。

科研不端行为的处理是指科研资助机构或者研究机构等科研管理部门依据有关查处制度，对被认定为科研不端行为的对象采取惩戒性措施，是科研不端行为治理的核心环节。科研不端行为的处理所涉处理对象具有双重性，既包括对科研不端行为责任人的惩处，也包括对科研不端行为所涉及的政府基金科研资助项目。与一般的研究机构内部科研不端行为处理有所不同的是，科研资助语境下的科研不端行为处理具有明显的双重性特征，两者最大的差异就在于除了对有关责任人进行个人惩戒外，同时对所涉科研资助项目也进行处理、对科研资助基金的处置，还包括根据不端行为的违规情节等因素分别采取的撤销项目、终止项目、追回科研经费等惩处措施。

要处理好调查与处理的关系。从科研不端行为的治理来看，调查是处理的前提和基础，调查取证是对科研不端行为举报对象进行全面的、综合的掌握，查明案件事实真相，是形成正确处理决定的必要条件；处理是调查的目的和归宿，是依照法律法规履行科研管理的职能，解决科研不端行为问题的具体行政行为。调查工作的核心是在形成学术判断，处理工作的核心是依法采取相应的行政行为。两者相互联系，各有侧重，因此，为了使科研不端治理更加科学化、规范化，更好地实现实体正义和程序正义的统一，笔者认为科研不端行为调查与处理的机构要进行分离，机构的分离保障了调查与处理的程序分离机制形成，做到只查不处，查处分离，避免出现调查主体和处罚主体一致，使一些举报者利用所能掌握的查处权力对有关当事人实施非法报复，从而酿成科研不端行为的"次生灾害"，动摇了科研不端行为查处的公信力，导致社会公众对查处结果的不认可。

二　案件调查中的临时行政措施程序

科研不端行为案件的调查处理需要经历一个较长过程，在启动初步调查之后，或者在正式调查期间，当调查主体获得有关科研不端行为"优势证据"时，即调查主体已经获取证据显示科研不端行为事实存在的可能性明显大于其不存在的可能性，就可以根据情况作出是否采取临时性行政措施的决定，这一程序的价值在于保护科研资源流失、防止被举报的科研不端行为的继续恶性发展。科研资助机构和研究机构等科研不端行为查处主体在实施临时性行政措施之前，需要进行沟通协商，就临时性行政措施作出的依据进行审议，对所采取的临时性措施的必要性、科学性、可行性进行集体讨论决定。

国内的科研不端行为调查处理程序制度中，更加侧重于对科研不端行为的类型、最终处理措施等实体内容的规定，对临时性行政措施内容的规定较少，在有限的临时性行政措施内容规定中，基本上是以"暂停拨付基金资助经费"为主，虽然此措施可以有效防止科研资源继续被滥用的可能性，但是没有考虑到被举报人的合法权益保护之内容。因而，要将科研不端行为调查期间的临时性行政措施建设作为查处程序完善的重点内容之一。强化被举报人的程序性权利保护，比如说在没有最终确定被举报人存在科研不端行为之前，当事人或者参与者的正当权益应当受到尊重和保护，其申报的科研资助项目理应纳入正常的评审范围，而不应因申报人正在接受科研不端调查而受到不公平对待，同时为了防止可能存在的科研不端行为有进一步的发展，须对其采取暂停或者中止科研资助，禁止或者限制当事人的特定研究活动等临时性行政措施。

美国国家科学基金会在科研不端行为查处程序的制度文本中，详细规定了 8 条主要的临时性行政措施，一是中止科研资助；二是中止申请联邦资助的资格；三是禁止或者限制当事人的特定研究活动；四是要求提供特定的证明、保证或者其他相关管理措施，以确保符合相关科研资助法律法规制度；五是特殊情况须经国家科学基金会事前审批；六是暂缓拨付经费；七是暂停未决资助；八是禁止或者限制当事人担任同行评审专家、咨询人员和顾问。从中不难看出，八条措施涵盖了对“人、财、物”三大方面进行全方位管控的完整制度体系。从科研资助监督管理的角度来看，对涉嫌科研不端行为的当事人采取临时性行政措施，既体现了对当事人合法权益的保护，也是防止科研资源浪费而采取的一种紧急措施，是科研不端行为查处程序中的一个重要环节。

三 案件查处中的学术权与行政权协调机制

处理好科研不端行为案件调查处理中的学术权与行政权之间的关系，是科研不端行为查处程序制度构建的重点内容之一，也是确保科研不端行为查处结果正义的关键性问题。在科研不端行为的查处实践中，哪些工作应当由科学共同体通过同行审查和专家评议进行学术性判断，哪些工作应当由公共权力的介入和干预来实现、多大程度的介入和干预，公共的行政权力与科学共同体的学术权力的关系如何协调，贯穿于科研不端行为查处程序制度的全过程，总体上涵盖了科研不端行为的界定、类型和具体表现形式、科研不端行为投诉举报的受理、科研不端行为的调查认定和处理决定的形成，直接影响科研不端行为查处的程序正义和实体正义。

1992 年美国卫生部的研究诚信办公室成立后，开始了一段时间对科研不端行为定义的争论，科学家们对行政权过分介入和干预科学界表达了严重不满，反对公共卫生署将“其他严重背离学术共同体所普遍接受的规则”这一具有兜底性质的条款列入科研不端行为的定义，认为这样的条款无疑扩大了科研不端行为的范围，于是在2000年，美国联邦所颁布的科研不端行为的定义中保留了“伪造、篡改、剽窃”的核心内容，删除了原定义中“其他严重背离科学共同体所普遍接受的规则”这一比较模糊的条款，较好地协调了行政权力和学术权力的关系，两者的界限更加明晰，一方面有利于提高科研不端行为治理制度的可操作性；另一方面体现了对科学共同体内部自律功能的认可。

从调查认定方面来看两者关系，在科研不端行为的调查工作中，首先需要解决的是调查权的问题；其次是调查结果的判断问题，结果的判断又涉及学术判断和行政判断的分离问题，一般来说，行政问题由行政主体进行判断，学术问题由学术团体进行专业判断，也就是说，在对科研不端行为的调查中，应当由学术团体进行调查认定，行政主体需要借助学术力量，才能真正地介入对学术行为的调查和认定。

再从处理决定方面来看两者关系，在处理决定的形成程序中，仍然存在学术权力和行政权力的协调问题，一方面，学术团队组成的科研不端行为调查组完成调查后，将调查结论提交给科研不端行为的行政管理主体，行政主体需要对调查报告进行评估和核查，对调查程序的科学性和合理性进行评议，是否采纳以及何种程度的采纳认可。此时行政权力和学术权力的关系，不仅涉及行政主体与被认定存在科研不端行为的研究人员的关系，还包括行政主体与科研不端行为调查的专家团队的关系。另一方面，作为被举报人针对被认定的科研不端行为，提出的陈述和辩解，在一定程度上也属于利用自身的学术权力影响行政权力。因而，在科研不端行为的处理决定程序中，需要协调好学术权力和行政权力之间的关系。

总的来说，科研不端行为的调查处理过程，必然伴随着学术权力和行政权力的较量。一般来说，科研管理机构对科研不端行为的查处过程中，需要借助于科学共同体的专家团队进行调查，利用其学术知识和专业优势，完成对专业性问题的判断，在此阶段，如若行政权力直接介入将会困难重重。因此，在科研不端行为查处制度中，两种权力如影随形，关键是要协调好两者之间的关系，完善行政权力介入学术权力的方式、途径、程度和程序。

由于目前国内的高校和科研机构的管理体制改革尚在进行中，还不同程度的存在行政化倾向，大学治理组织呈现一元化结构，现实中许多大学的最高行政负责人兼职最高学术机构负责人，大学校长就是学术委员会的主任委员，形成了“行政与学术不分家，权力与学术相结合”的现状，导致了科研不端行为的查处实践中存在事实调查权、结果判断权与行政处置权的“叠权式权力结构”，科研不端行为案件调查中的学术权和行政权应当形成准确定位，进行有效的权力分工和合作，学术权和行政权之间需要形成一个较为妥善的权力结构和制度安排，也可以叫作“分权式权力结构”，其根本意义在于，通过权力分设，可以达到对权力运行过程中可能出现的恣意形成整体性的管控，就科研不端行为的查处而言，能够从根本上维护社会公共利益和科研不端行为责任人、参与者、举报人，以及有关机构的合法利益。

四　案件当事人的程序性权利保护

通过对国内主要科研资助管理机构的管理文本的梳理，我们发现科研管理机构查处制度文本中主要包括科研不端行为的界定、调查和处理责任机构、处理措施、处理程序、申诉和处理等内容，从规范文本的内容设置来看，其侧重点在于明确了科研不端行为查处的政策依据、查处工作的责任主体和实施主体、查处阶段性程序的操作流程以及处理结果的救济途径。强调了查处工作的实体内容设计，忽略了查处工作中的程序内容设计，没有充分体现对案件相关当事人，尤其是查处对象的程序性权利保护。科研不端行为的查处是一种具体的行政行为，需要有具体的程序性规范，这既是维护科研不端查处结果社会公信力的必要条件，也是行政法治理念的重要体现。从某种意义上讲，查处科研不端行为也是一种特殊的行政行为，相关当事人、特别是查处对象是现实社会中特殊人群，基本上是一群具有较高科学文化素质的科研工作者，他们对知情权、参与权、表达权、监督权等公民程序性权利的期待更高，更加渴望公正公平，人格尊严不受侵犯。

从国外科研诚信建设比较成熟国家主要科研资助管理机构制定的科研不端行为查处制度文本来看，总体而言，都比较重视科研不端行为查处程序的设计，以科研诚信体制化最早的美国为例，已经形成了一套完整的制度体系，不管是美国卫生部（HHS）所属的研究诚信办公室（ORI），还是美国国家科学基金会（NSF）所属的监察长办公室（OIG），其查处制度文本里都明确体现了对科研不端行为案件当事人的程序性权利保护，案件当事人覆盖了事件发生过程中的全部责任人和知情人，一方面包括科研不端行为被举报人、责任人、参与者；另一方面也包括科研不端行为的举报人。美国的科研不端行为当事人程序性权利保护制度具有几个特点，一是明确的法律依据；二是专门的保护机构、三是专职的人员配备、四是具体的岗位职责。

美国于1974年颁布了《隐私权法》，该法是专门为平衡政府信息需要和个人信息保护免受联邦政府收集、整理、使用、披露而颁布的，旨在加强个人隐私权利的保护。对于科研不端行为当事人的隐私权保护，无论是HHS的ORI还是NSF的OIG，都需要严格遵守《隐私权法》及其他有关法律法规，把保密原则作为科研不端行为调查的根本原则，强调对当事人隐私权的保护，即使是科研诚信官正式介入科研不端行为的调查活动，也必须对调查方案做保密处理，最大限度地予以保密。美国HHS设有法律顾问办公室（OGC），OGC的科研诚信小组专门负责管理ORI法律方面的事务，OGC拥有专业的律师团队，此外ORI还设置专门的隐私法主任，确保了相关机构遵守《隐私权法》和《信息自由法》等有关法律法规，负责保护科研不端行为相关当事人的隐私权。

维护科研不端行为当事人的程序性权利是科研不端治理法治化的应有之义。在科研不端行为的查处工作中，不仅要着眼于事实、证据的取得，还应当运用法治思维来指导我们的查处实践，关注科研不端案件证据收集的程序是否合法、正当，在调查取证过程中是否让当事人富有成效地参与调查活动，有没有赋予当事人充分的事实陈述和意见表达的机会，对于已经获得的证据材料由当事人进行确认，公开调查的对象、内容和程序，以便当事人对调查组的调查活动进行监督，同时将这些调查获取的资料对外保密，维护当事人的隐私权。同时，对于举报人而言，能够主动对科研不端行为进行举报，特别是实名举报非常不容易的，一方面可能是自身利益受损，愤而举报；另一方面可能是站在维护社会公共利益的角度，伸张正义。无论是何种情况，既然选择了举报，一定是能够拿出科研不端行为的有关证据材料，科研不端行为的受理主体在受理举报之后，应当履行保密义务，加强对举报人的个人信息保护、防止举报人被打击报复。调查组在实施调查过程中，如果需要进一步与举报人就案件调查进行沟通交流，也应当在适当的时候，邀请举报人参与调查方案的设计或调整，更加有效地查明科研不端行为的事件真相，以便下一步更好地进行惩处。

五　案件查处中的程序正义原则及其优化

正义要以看得见的形式实现。科研不端行为查处的程序正义不仅是保证查处结果公正性的必要条件，而且维护了当事人的人格尊严和查处结果的公信力。科研不端行为查处程序的制度设计，可引入程序正义理论和尊严价值理论作为理论指导，遵循程序参与性原则、程序中立性原则、程序对等性原则、程序合理性原则、程序及时性和程序终结性原则，最大限度地减少程序缺陷。优化科研不端行为的查处程序，要保障当事人的程序权利、健全调查的空间要求、完善调查的临时性行政措施和查处工作的完成时限。

科研不端行为主要表现为伪造、篡改、剽窃等违反科研诚实性规范的越轨行为，是指科研工作者有意违背学术道德的欺诈行为。科研不端行为具有明显的危害性，主要体现为对他人的知识产权构成侵害、学术成果误导社会公众、阻碍学术进步和社会发展，查处科研不端行为已经成为世界各国共同面对的问题。伴随着科研不端行为的频繁发生，科学共同体一直没有停止对科研不端行为查处问题的研究。国家自然科学基金委、科技部、教育部等科研管理机构出台了科研不端行为的查处制度，然而，现有的查处制度较多关注的是实体正义，程序正义的价值未得到足够重视，造成了科研不端行为查处结论的公正性得不到认可，一方面，科研不端行为被举报人的人格尊严和主体地位得不到保障；另一方面，社会公众缺乏对查处过程和结论的认同感。因此，优化科研不端行为的查处程序对保护程序权利，实现程序正义显得尤为必要而迫切。

为什么要在科研不端行为的查处过程中坚持程序正义呢？一直以来，人们习惯性地接受了程序工具主义的观点，将程序视为形成正确查处结果的有效工具，认为查处结果是否公正取决于查处程序是否正义。事实上，查处过程的程序正义不仅具有这种工具性价值，而且具有一种独立的价值，这种独立价值体现在两个方面，一是有助于确保被举报人的各项权益得到维护，使被举报人能够与负责调查处理的人员一样，拥有平等的人格尊严和自主意志，双方能够平等地进行交流对话，就查处过程中有关问题进行讨论协商，被举报人对查处结论的形成可以发挥积极而富有意义的影响，不应当像“嫌疑犯”一样毫无尊严地、消极地、被动地等待裁判结果；二是程序正义有助于被举报人接受和尊重查处结果，减少不满和抵触情绪，最终影响社会公众信任和尊重查处的过程和结果。

（一）科研不端行为调查处理的程序正义

1971 年，美国政治哲学家约翰·罗尔斯（John Bordley Rawls）出版了其经典著作《正义论》，罗尔斯在对当时美国社会现象深度思考的基础上提出了社会正义理论，他在该书中系统地阐述了程序正义理论，该理论认为：公正的程序决定结果的正义性，只要坚持“正当程序”，由它所产生的结果就应当是正当的。罗尔斯的程序正义理论给我们的启示是：在对一项裁判活动进行评价时，一方面要关注其结果的正当性和可接受性；另一方面要看形成这种结果的程序本身是否符合正当性和合理性标准。罗尔斯提醒人们，裁判程序不仅对产生正义性结果具有工具性价值，而且裁判程序自身也具有独立的内在价值，只有通过程序正义才能实现社会正义的目标。

程序是维护当事人程序性权利的工具或手段，它决定了具体制度的运行过程和实际操作，决定了裁判结果客观公正目标能否实现。科研不端行为的查处制度是科研不端治理体系的重要组成部分，科研不端行为查处程序是保障科研不端案件查处结果公正性和维护科研不端行为责任人人格尊严的手段。科研不端治理制度的完善内在地要求建立一套规范化、标准化的查处规范，并使之体现程序正义，科研不端行为查处程序的制度设计，可以借鉴和引入程序正义理论，遵循程序正义理论内在的价值原则，即程序参与性原则、程序中立性原则、程序对等性原则、程序合理性原则、程序及时性原则和程序终结性原则等，最大限度地减少查处程序制度存在的缺陷。

1. 程序参与性原则

程序参与性原则被誉为程序公正的第一要素，其核心思想是那些权益可能受到裁判结果影响的有关主体应当有机会参与到裁判结果的形成过程中。参与不是一般地“参加”或“在场”，而是指“自主、自愿、自治地参加”，意味着当事主体作为一个道德主体积极主动地参与到具体的行政行为，促使在这一裁判过程中能够产生符合自己意愿的裁判结果，同时，作为程序的参与者主动发出影响裁判结果的行为，而不仅仅作为一个客体完全被动地接受外部强加于己的不公正的结果与命运。在科研不端行为查处过程中，被举报人以及其他利益可能受到查处结果影响的主体，作为程序参与者应当有机会参与到调查过程中，并富有意义地参与到查处结论的形成过程，从而发挥积极有效的影响。一般来说，如果被举报人及利益相关者没有被赋予机会参与到查处过程，并向查处人员表达自己的意见、主张，就会产生强烈的不公正感。在科研不端行为的调查处理程序中，作为程序参与者的被举报人具有人格尊严和自主意志，在被查处的整个过程应受到基本的尊重和人道待遇。

2. 程序中立性原则

程序中立性原则和程序对等性原则是两个密切联系的程序公正标准，两个原则的共同点在于都要求对程序参与者一视同仁、平等对待，它们是保障和落实“正义不但要实现，而且要以看得见的形式实现”的重要价值标准，所谓的中立性原则是指裁判者应当对任何一方无偏袒的态度和地位，要求裁判者对所有程序参与者没有偏见与歧视。中立性原则旨在通过排除若干种程序不公正的情况来发挥其程序的内在价值的。在科研不端查处程序中，科研不端行为的举报人、被举报人和其他利益相关者都应当受到查处人员的平等对待，调查处理的官员要通过排除各种不公正情况来实现程序正义目标。“正义根植于信赖”。查处人员的预断、偏听偏信和先入为主问题，可能会对结果产生影响，因此，科研不端行为的查处过程中，需要建立完善的回避制度和保密制度，以排除那些与案件存在利益冲突的不利因素。

3. 程序对等性原则

程序对等性原则是指在裁判过程中，各方参与者在地位上对等，能够拥有同等的参与机会，裁判者对各方主体所提供的事实证据、表达的个人主张、提出的申辩意见给予同等的尊重和关注。对等性原则是维护公正的重要原则，它确保裁判者合理地抑制个人偏见，并赋予各方主体完全平等的参与机会，使各方参与主体受到公平公正的待遇，避免在证据的获取和评估，以及调查事实的认定方面产生偏见和预断，从而作出不正确的裁判。如果裁判者与某个主体存在利益关系，使其在裁判过程中不能平等对待其他主体，无论最终是否导致裁判结果的错误，或参与主体的实体权益没有得到实现，也无论这种裁判程序是否会产生非正义的结果，它都具有一种内在的不公正性。程序对等性原则有两个基本要求：一是程序参与者拥有完全平等的参与机会、便利和手段；二是裁判者对有关参与各方提出的事实证据、个人主张和申辩意见给予同等关注和尊重，并在形成最终裁判结论时将其考虑在内。在科研不端查处程序中，调查处理的官员要给予科研不端行为的举报人、被举报人和其他利益相关者同等的参与机会，对其提出的主张、观点和证据要充分尊重，并进行调查核实，认真评估，稳妥作出最后结论，通过排除各种不公正状况来实现程序上和实体上的对等。

4. 程序合理性原则

程序合理性原则是指裁判程序必须符合理性要求，该原则又被称为程序理性原则，裁判结果必须建立在可靠的事实证据和严密的分析评议基础之上。程序合理性原则有四个具体要求：一是裁判者据以作出裁判的事实必须经过合理的证明；二是在制作裁判结果之前必须进行冷静、详细和适当的评议；三是裁判活动必须以调查和采纳的证据作为依据；四是裁判者应当说明据以制作裁判的根据和理由。科研不端行为的举报人、被举报人和其他利益相关者在查处过程中，作为程序参与者都有权知道查处活动的进展情况、查处结果的内容以及形成查处结果的事实根据和明确理由。“陈述判决理由是公平的精髓”“受到判决的人有权知道判决是如何作出的……”。因此，科研不端行为查处官员应当在查处结论中附上明确的事实和理由，以便人们检验查处结论的合理性和对查处结论产生信任。

5. 程序及时性原则

程序公正性的价值标准包含程序及时性原则和程序终结性原则，两者密切联系。程序及时性原则是指程序“在过于快速和过于迟缓这两个极端之间的一种中间状态”。在裁判程序的运行过程中，过于急速可能导致程序参与者无法充分和富于意义地参与其中，裁判者也难以有充足的时间去听取各方的主张、评估提出的证据、进行冷静细致的评议，以至于作出错误的裁判结论，损害了程序合理性原则，程序公正性就难以得到保障。同时，裁判程序过于缓慢可能导致证据的流失，证人记忆力减退，案件事实调查更加困难。案件的拖延消耗了裁判资源，对社会公共资源和福利造成伤害，容易产生不公正的裁判结果，程序正义难以得到实现。对于科研不端行为案件而言，要求查处程序应当在受理之后及时开启，并在一定的期限内形成查处结果，程序的及时性原则要求查处活动保持在一个适当及时的限度内，尽量避免过快或过慢产生的不良影响，使各方从心理上接受裁判的合法性和正当性。

6. 程序终结性原则

程序终结性原则是指程序运行得以终结的状态，裁判结论的最终确定。程序终结性原则与程序结果的正确性没有必然联系，程序终结并不意味着裁判者必然得出正确的裁判结论，相反，有时候程序终结阻止了裁判程序的重启，导致了无法纠正错误的裁判结论。程序终结性原则具有一种独立于程序结果的内在价值，它克服了裁判程序的任意启动，使程序的启动和运行符合程序理性的要求，防止有关各方被随意地反复审查。在科研不端案件的调查处理过程中，对科研不端行为的查处不能永远没有终结之时，否则程序就失去了意义。如果科研不端案件的调查处理周期太长，查处程序无限期被重启，被举报人长时间处于待判定的状态，其命运则无休止地处于不确定的地位，明显损害了其利益。因此，程序的终结性是程序公正性、合理性的一个必要条件。

（二）现行查处的程序缺陷及优化建议

科研不端行为的调查与处理程序大体上包括举报受理、初步调查、正式调查、临时行政措施、处理程序、申诉和处理结果的发布等阶段性程序。科研不端行为查处的阶段性程序设计是科研不端行为治理的基础性工作。调查处理程序设计是否公正合理，直接影响到查处结果的公正性和当事人在查处过程中的权益保障，并最终影响社会公众对整个查处过程和结果的信任和尊重，如果查处程序的缺陷能够得到及时的改进，将有助于程序正义的实现。

1. 保障当事人程序性权利方面的缺陷和优化建议

胡锦涛总书记在党的十七大报告《高举中国特色社会主义伟大旗帜，为夺取全面建设小康社会新胜利而奋斗》的第六部分“坚定不移发展社会主义民主政治”中强调指出，要“保障人民的知情权、参与权、表达权、监督权”等程序性权利。我国的宪法法律也明确规定了公民具有多项基本权利。科研不端行为的查处过程要坚持程序正义的基本原则，特别是“当事人有陈述和被倾听的权利”。从某种意义上说，“正当程序”价值的实现能够避免查处人员“冤枉无辜”。为保证程序正义的实现，在查处程序制度设计上要赋予当事人知情权、参与权、抗辩权、申请回避权、申诉权、隐私权等程序性权利。

从现行的调查处理程序来看，没有明确规定要向被调查的个人或所在机构送达书面通知（包括调查决定和处理决定），对于已经受理立案的科研不端行为案件来说，案件的当事人及所在机构对被举报的事实具有知情权，只有知情才能积极地做好陈述申辩的防御准备，主动收集有利于自己的有关实验室资料、样本、记录及其他相关证据，做好参与和配合调查工作，就举报的证据提出异议。没有知情权就无法有效参与，如果当事人不能及时知情并参与案件查处，就会出现“非正义感”，这将破坏现代文明社会最低限度的程序正义要求。

为弥补上述的程序缺陷，笔者认为在调查程序中，有关机构决定启动科研不端行为的正式调查后，必须立即向被调查的个人或团队及所在机构送达书面通知，通知应当明确告知调查对象被举报的事实描述、正式调查时间、调查组成员组成情况，如果被举报人有证据表明调查组成员与该案件存在明显的或潜在的利益冲突，被举报人有权提出申请回避。在处理程序中，有关机构要将处理决定的书面通知送达到受案件影响的个人和所在机构，通知中应当告知调查结论、采取的措施和如何进行申诉的说明，以便其决定是否申诉。在案件查处过程中，被举报人有权要求办案人员为其保密，最大限度地保护个人隐私权。

2. 调查的空间要求方面的缺陷和优化建议

程序正义要求科研不端行为的调查处理过程中，调查处理权力需要分开，调查与处理程序分离，调查机构不得作出处理决定。在调查程序中，如果高校或科研机构接到科研不端行为举报，经过简单的核实以后觉得有必要并且作出受理决定，接下来要尽快书面告知举报人、被举报人及其他有关各方，如科研资助机构、合作单位等。科研机构的官员究竟是启动单位内部的科研不端行为调查程序，还是科研机构单位外部的科研不端行为调查程序，必须考虑到案件可能给举报人、被举报人、其他有关各方及单位自身带来的可能性后果，同时还要考虑到科研活动的公共信誉。

从国内主要科研管理部门制定的调查程序来看，对科研不端行为调查程序的空间要求不明确。国家自然科学基金委《处理办法（试行）》第二十二条明确规定：对需要立案的科研不端行为投诉和举报，应当组成调查组进行调查核实，调查组的参与人员有两个主要来源：一是监督委员会委员；二是监督委员会办公室工作人员。除了主要来源外，还有一个其他来源，即在特殊情况下，调查组可以邀请基金委工作人员或其他成员参加。从基金委的调查程序制度可以看出，明确了对科研不端行为举报实行外部调查。虽然要求外部的独立调查小组成员不得与科研机构之间存在关联，或者被合理地怀疑抱有偏见，但是也存在程序缺陷，如没有考虑科研机构的内部调查；调查组成员缺乏相关科研领域的专家，无法从程序上保证对举报事实形成一个专业的学术判断。

针对以上程序缺陷，笔者建议充分发挥高校或科研机构在惩治科研不端、维护科研诚信中的主体作用，对于一般的科研不端行为举报，可以采取内部调查与外部调查相结合的机制，由高校或科研机构率先启动内部调查，当内部调查的结果不完整或者调查的程序不合理时，或者当随后发现举报的潜在后果超出预料，比预期更为严重，则有必要终止内部调查，重新安排外部调查；对于涉及社会影响较大或者重大科研资助项目的举报，可以考虑采取高校或科研机构内部和科研资助机构外部专家相结合成立联合调查组的办法，必要时调查组可以安排一名法律顾问参加，其职责是向调查小组提供法律建议，保证裁判中立无偏地位，切实遵循程序正义的中立原则。

3. 调查的临时性行政措施方面的缺陷和优化建议

实体正义体现在最终查处结果上，而程序正义体现在查处过程之中，因此程序正义又被称为“过程中的正义”。对于科研不端行为举报，无论是科研不端行为调查程序启动前还是在正式调查期间，不管是初步调查还是正式调查，只要尚未形成最终的调查结论，被举报人的权利和资格就没有受到限制，可以从事正常科研活动，包括科研项目的申请，一般来说，调查工作不会导致对项目资助申请的延期评审。如果被举报人存在科研不端行为重大嫌疑，调查人员应当对正在实施的科研项目及时采取临时行政措施。

从现行的调查程序来看，国内科研管理机构对调查过程中可以采取临时行政措施没有给予足够的重视。如《国家自然科学基金条例》第三十五条明确规定，科研资助项目的负责人、参与者违反本条例规定，有下列科研不端行为之一的，由科研资助管理机构给予警告，暂缓拨付基金资助经费。从该条规定的临时中止措施来看，“暂缓拨付基金资助经费”仅仅是项目的剩余经费中止拨付，却没有规定已拨经费是否中止使用或退回。从对“人、财、事”三方面监管来看，基金委除了对基金资助经费的暂缓拨付外，没有对研究人员和研究活动进行限制。从最大程度上防止科研资金和科研资源滥用角度来看，调查程序中存在程序缺陷。

为了弥补这一程序缺陷，笔者建议对于一般的科研不端行为举报，要努力避免对未决的资助申请产生负面影响。对于初步掌握科研不端行为的重大线索的案件，虽然暂时尚未作出调查结论和处理决定，但是要充分考虑资助方的利益，尤其是国家科研基金和科研资源，及时防止科研不端行为的进一步恶性发展，要及时实施更加严格的临时性行政措施，如立刻中止被举报人的资助申请资格、禁止或者限制其特定的研究活动、暂停正在实施的科研资助项目研究、督促被举报人及时纠正科研不端行为、暂缓拨付经费、暂缓未决资助等。对于临时性行政措施要进行定期审查和修改，如果种种迹象表明，被举报人不存在科研不端行为，应当及时撤销，体现程序正义的程序合理性原则。

4. 查处工作完成时限方面的缺陷和优化建议

从现行的调查处理程序来看，普遍欠缺查处工作的完成时限。国内各科研管理部门对科研不端行为调查处理期限因案而异，对于受理举报的科研不端行为案件，既没有作出明确的结案时限要求，也没有对查处的阶段性程序提出具体的完成期限，案件完成周期因案而异，何时启动调查程序、何时结束处理程序都没有严格的时限。国家自然科学基金委《处理办法（试行）》第二十五条对查处的时限作出了规定：对科研不端行为的处理决定持有异议的，有关主体可在发出处理决定通知后的20天内向监督委员会书面提出。作为受理机构的监督委员会在收到异议后，需要在20天内给予答复。从基金委的科研不端行为申诉程序制度可以看出，申诉程序规定了时限，符合程序正义的及时性原则。

常言道“迟来的正义为非正义”“过于急速而来的正义也是非正义”。明确的期限规定是程序正义的重要原则，也是科研不端行为调查处理需要遵循的一个原则。科研不端行为案件涉及一系列程序，确实很难对不同的案件做具体统一的时限规定，但是缺少时限规定，一方面可能导致案件在调查处理诸多环节的实施上出现迟缓或拖延；另一方面也可能导致查处过于快速进行，根本无法保证当事人对查处过程的参与，这两种情况带来的都是程序上的非正义。

为弥补这种程序缺陷，笔者建议设定两个参考时限：一个是案件查处周期，即受理至结案的时限；另一个是查处过程具体每个环节的完成时限，即涵盖举报受理、初步调查、正式调查、调查结论的认定、处理决定的形成、申诉和查处结果的公布等一系列程序。需要指出的是，针对类似学历学位职称造假等事实简单的案件，查处过程可以采取“简易程序”，针对实验数据造假等特别复杂的案件，需要重复科学实验进行验证的，无法在规定时限内完成，可以采取备案制，调查主体向科研管理机构汇报情况并及时备案。

作为“看得见的正义”，程序正义有着一套相对稳定和明确的价值要素，公正的查处程序既使得举报人的利益受到关注，也会使被举报人的尊严获得尊重。尤其是对那些受到惩处的被举报人而言，被禁止或限制特定的研究活动会使他们产生不服的心理，并会形成抵触查处结果的本能想法。但是，公正的查处程序固然难以消除这种抵触心理，却可以在不同的程度上减弱被举报人的不满和怨恨。与此同时，相当于那些没有受到公正对待的被举报人而言，那些有效参与裁判过程的被举报人，更有可能尊重对其不利的查处结果，甚至产生服判认罚的效果。对于社会公众而言，公正的查处程序不仅能够产生令人信服的公正裁判结论，而且能够取得社会各界的普遍信任和尊重。

第三节　科研不端行为的查处程序制度构建的配套机制

随着国家对科研越来越重视，科研资助范围的不断拓展和资助力度的加大，科研资助机构设置的科研项目种类和数量也越来越多，参与相关科研工作人员的数量也出现明显的增长，科研工作者对科研资源的获取越来越难，科研领域的激烈竞争使科研工作走向歧路，导致科研不端行为的发生。近年来，国内大量的科研不端行为事件接连被曝光，在披露出来的案件中，绝大部分研究工作受到了各类科研资助，因此，依法严厉惩治科研资助项目中的科研不端行为，已经成为全国人民的共识。

在科研不端行为的查处工作中，科研资助机构与研究机构在制度之间如何进行衔接和协调，是加强科研资助中科研不端查处治理的重要内容。由于一方面科研不端行为当事人与科研资助机构之间存在资助关系；另一方面与其所在的研究机构存在人事聘用关系，在同一科研不端行为事件中，科研资助机构可以基于资助关系对其进行查处，科研不端行为当事人所在的研究机构也可以基于人事关系，依据其内部人事管理制度对其进行处理。科研资助机构对当事人的处理侧重于对项目本身作出中止、撤销、终止处理，对当事人进行特定资格的限制，对已经拨付的科研经费进行追回等处理，而研究机构对当事人的处理侧重于对当事人的行政职务和专业技术职务、学术任职等进行撤销、解聘或者限制一定期限内不得晋升，部分当事人可能会取消研究生招生及培养资格等。

一　举报受理的联动机制

科研不端事件的发现主要是在科学共同体内，因此，科研不端行为的举报相应地主要是被同行揭发，特别是课题组内部或者同一研究领域的小同行最容易发现并举报。随着近年来互联网的发展和自媒体的兴起，网络已经成为很多科研不端行为曝光的第一平台，而且每一起事件被曝光之后，迅速得到广大网民的围观，案件有关单位的每一个举动都将成为网民关注的对象，对于案件的真相更是网民急切希望弄清的。

在当前国家倡导科技创新、加强科研诚信建设、打击科研不端行为的大背景下，积极探索建立科研不端行为举报受理的联动机制显得极为重要而迫切，通过不断创新不同单位之间的协调配合机制，形成系统内部上下联动，部门之间协调配合，努力实现内外互通的运行机制、运转高效的联动机制，充分利用互联网技术开发出一套科研不端行为的举报受理网路平台，最终实现“三个转变”，即从科研不端行为举报受理响应机制的被动滞后到主动迅速的转变；从受理主体的独家行动到相关主体协同参与的转变；从受理案件的信息独家拥有到相关主体间信息共享的转变。

国内的科研不端行为的举报受理联动机制缺乏相应的法律法规制度保障，目前科研不端查处管理存在严重的多元化、分支化趋势，缺乏统一的管理机构，没有统一的举报受理平台，没有系统内部和部门之间需要进行信息共享的制度支撑，造成了部门间、系统内缺乏必要的联动机制。在具体实践中，常常因为缺乏联动机制出现了案件受理的重复和交叉，同一个科研不端行为案件举报被两个不同单位先后受理并进行查处，既浪费了宝贵的科研管理资源，又使得当事人身心遭受两次折磨，也违背了一事不再罚的法律原则。

二　调查过程的协调机制

由于科研不端行为绝大多数都涉及科研资助项目，因此科研资助机构和研究机构在举报受理和调查过程中需要建立协调机制，为了更加深入调查了解科研不端行为发生的范围、广度、深度、违规情节等因素，科研不端行为的调查责任主体间存在协调配合机制、机构职能的交叉和相关人员的互补问题。一直以来，科学共同体对科研不端行为的调查工作非常重视，但是对具体的调查程序和调查主体间的协调配合机制关注不够，科研资助机构和研究机构的职责交叉是不可避免的，关键是双方如何协调联动，减少调查工作实施过程中的矛盾和扯皮，最大限度地提升调查工作的质量和效率。

就科研不端行为的调查工作来说，跨部门的交流合作是非常重要的，科研资助机构和研究机构在受理举报后，谁作为调查工作的责任主体？谁作为调查工作的实施主体？在具体的调查过程中，科研资助机构如何介入调查工作，以什么样的形式介入？以何等程度介入？一系列问题的解决，标志着科研不端行为的查处水平和能力，建立一套功能完备、平战结合、业务精良、便于调配的科研不端行为查处协调机制，有效整合各方资源，是新形势下科研不端行为治理的重要内容。

三 处理措施的衔接机制

科研资助机构和研究机构对科研不端行为人都有处罚的权限，科研资助机构对科研不端行为的处理是基于资助关系，相应地，对存在科研不端行为的受资助对象处理措施主要体现在两个方面：一是对科研资助项目的处罚；二是对科研不端行为责任人的处罚。项目的处罚包括对项目采取中止或终止措施，暂停拨付项目研究经费或追回已经拨付的研究经费；对行为人的处罚主要是对科研不端责任人的资格限制，如取消责任人在一定年限内申请科研资助的资格。研究机构对科研不端行为的处理是基于人事关系，相应地，对存在科研不端行为的受资助对象处理措施主要体现在事业单位内部的行政处分，比如通报批评、警告、记过、禁止晋升专业技术职务、撤销荣誉称号、撤职、解除聘任合同、开除等等，相对于科研资助机构的处理措施来说，研究机构的内部处理措施更加多样化，一方面对已经犯下的错误进行惩处；另一方面对今后的职业发展进行限制。但是，问题在于，取消项目申请资格的处理措施在实践中如何落实？究竟是仅仅限制同一科研资助机构所资助的科研项目，还是限制所有的政府资助科研项目？比如说浙江大学贺海波被取消国家自然科学基金项目申请资格 7 年，那么在 7 年的处罚期限内，贺海波是否可以正常申请卫生部、科技部或者教育部资助的科研项目呢？所在的研究机构要从制度上对接科研资助机构的处理措施，进一步明确贺海波是否具备申报科研资助的权利，而不是取决于单位领导的旨意。

要解决这类实际操作问题，关键在于建立一套联合惩戒机制。科研资助机构和研究机构本着让守信者处处受益，失信者寸步难行的原则，着手建立守信激励和失信惩戒机制，特别是失信行为的联合惩戒机制。科研资助机构和研究机构作为科研不端行为的治理主体，要尽快建立科研不端行为惩处措施的衔接机制，完善科研不端行为的惩处措施的互补机制，有的处理措施虽然是科研资助机构作出，但是具体实施需要研究机构予以落实，如《国家自然科学基金条例》的处理措施里面规定了科研不端行为人“不得晋升专业技术职务（职称）”，虽然这一规定设置的初衷是为了加大行为人的违规成本，从未来职业发展的空间上加以限制，一定程度上降低了科研不端行为发生率，但是此处理措施混淆了科研资助机构和研究机构的权限，导致了实践中不具有可操作性的问题，给科研不端行为处理措施的具体实施带来困境。因此科研资助机构和研究机构加强科研不端行为惩处措施实施上的协调，能够更加科学有效地对科研不端行为的实施惩处。

从科研资助机构对科研不端行为的“单一惩戒”到与研究机构协同开展的“联合惩戒”，有利于加大对科研不端行为的共同打击力度，形成群防群治的格局；有利于提高科研不端行为人的违规成本，让当事人为其科研不端行为付出一定的代价；有利于扩大科研不端行为治理的社会影响，可以有效地预防和减少科研不端行为案件的发生。对调查核实的科研不端行为当事人要依法依规采取严格的惩处措施，避免研究机构在具体执行中不同程度地出现了失之于宽、失之于松、失之于软的“宽、松、软”现象，要不断推动科研不端行为的治理走向“严、实、硬”。从科研不端行为治理的主体来看，惩处措施主要来源于当事人所在的研究机构和科研资助机构，两个惩处主体与当事人之间基于不同的法律关系，采取不同的惩处措施，惩处措施各有侧重，有时候惩处措施可能出现重复、交叉和冲突，时间上往往也存在先后顺序，给实际操作带来诸多不便。有的研究机构为了体现对研究人员严格管理，制定的某些惩处措施严于科研资助机构现有的法规政策，两者出现了不一致，导致了不知如何执行？在实践中，要按照法律效力的等级去厘清，比如国家自然科学基金委的科研项目要依据国务院颁布的《国家自然科学基金条例》，属于行政法规，而一般的研究机构所制定的惩处措施仅仅是内部管理规定，根据下位法服从上位法的原则，应当以《国家自然科学基金条例》为准。

四 案件处理的协商机制

科研不端行为案件的解决，主要有两种处理模式：一种是查处主体对查处对象作出裁判，进行惩处；另一种是查处主体与查处对象双方协商，依靠双方达成合意解决问题，前者表现为行政主体依法定职权和程序对违反有关法规政策的相对人给予行政制裁的具体行政行为，后者表现为协商性问题解决机制，主要指和解或者调解。由此，协商性问题解决机制的实质在于双方经过沟通，达成合意，当事人的自主权是问题解决的基础。在科研不端行为案件处理过程中，案件的处理程序中常常因为缺少处理对象的参与，而使得处理结论令当事人无法完全接受。在现实的社会矛盾解决多元化的背景下，有限的法治资源难以应对所有问题解决的需求，申诉和诉讼机制本身的局限性愈发显得突出，协商性问题解决机制受到社会的广泛认同。

近年来，各类科研不端行为呈现上升趋势，越来越多的案件被曝光，科研不端行为案件的查处已经成为广大科研工作者、科研管理机构、社会各界乃至国家高层关注的一个重要问题。如何快速、公正、低成本地查清有关案件的情况并实施相应的惩处，建立和维持良好的资助关系，维护资助和受助双方的合法权益，促进科学事业的发展，不仅是资助和受助双方的共同愿望，也是学者们研究的重要课题。传统的科研不端行为治理是由查处主体对查处对象作出裁判，进行惩处，科研不端治理主体对科研不端行为人采取的是一种行政处罚，具有一定的强制性、单向性，许多案件引发了当事人的申诉，对本身并没有太大的影响的案件，不可能也没有必要让每个案件最终都走向诉讼，消耗科研不端行为治理的资源。

在当今世界，协商性问题解决机制已经成为一种问题解决的新模式，它不仅发挥着重要的社会功能，而且日益成为与诉讼机制并行不悖的、相互补充的重要机制，它一改传统的单向性行政行为，通过沟通交流惩处措施，让双向互动促进案件能够更公平、更合理地解决。美国卫生部的研究诚信办公室在科研不端的问题解决上，进行了一些探索和尝试，创立了一种新型的案件解决模式——自愿排除和解协议，这是基于当事双方协商合意的一种协议机制，具有简单快捷、协商性、自愿性、和解性、非强制性等特点。签署自愿排除和解协议，能够减轻法院应对诉讼的压力、提高科研不端案件解决效率、减少解决问题的成本、发挥科研管理机构的专业性优势、积累解决同类问题的经验和运用自身的权威性促使问题的有效解决。

五 信息记录的维护机制

信息化是随着互联网、现代通信、大数据的迅猛发展而出现并不断发展的，随着计算机的普及应用和信息电子化管理的不断推行，信息的存储与传输方式发生了翻天覆地的变化。现代信息技术的应用，使信息化管理逐步应用到科研管理活动中，通过手工记录信息来管理科研的传统模式受到了极大的挑战，已经无法满足现实工作的需要，无法适应时代发展的要求。越来越多的科研管理工作者开始意识到要与时俱进，发挥现代信息技术手段在科研管理中的重要价值。只有利用现代信息技术，尤其是网络技术来提高管理的效率和水平，才能更好地服务于科研管理工作。

信息获取、信息传递、信息处理、信息再生、信息利用的功能越来越多地改变了人们的工作、学习和生活方式。信息化水平已经成为衡量一个国家综合国力和现代化水平的最重要标志之一，为了迎接信息时代的挑战，我国正在加快实施国家信息化的步伐。科研管理信息化已经成为一种发展趋势，利用信息技术手段进行科研管理，信息记录的平台化及其运营维护可以满足用户在获取科研信息、申报科研项目、更新科研简历、查询科研业绩等方面的个性化需要；为学科规划建设提供科学的决策支持，学科规划决策需要全面的、实时的信息，要从海量信息中快速筛选出有用信息，信息记录系统能够发挥科研管理在决策和学科建设方面的作用，推动科研事业的进一步发展。

在众多的科研管理信息系统中，科研不端信息记录系统是专门记录科研不端行为实际发生的信息，直接为管理者办公和决策服务的办公信息系统占有特殊重要的地位。近年来，随着科研管理工作规范化水平的不断提升，科研不端行为案件的持续增多，人们已经开始思考建立科研不端信息记录系统的必要性，进一步提高科研不端行为治理的效果，研制适应互联网时代的现代办公信息系统，设计科研不端信息记录系统平台，研究信息记录平台建设中的关键性技术创新难题。为了提升科研不端治理的效果，建立信息记录系统，特别是推动专题数据库建设，推进科研不端信息网站建设，加强科研资助机构与发生科研不端行为有关研究机构的系统对接，推动科研不端信息资源的共建共享，由此可见，加强科研不端信息记录系统建设是科研管理信息化建设的重要组成部分，是科研管理的重要内容之一，也决定了能否更好地服务国家科学研究事业发展的重要内容。

科研不端信息记录系统摒弃了传统的手动记录方式，采用的是无纸化、计算机记录方式，摒弃了传统有纸记录方式所需要使用的记录笔和记录纸，提高了信息记录本身的质量，增强了信息记录的稳定性和可靠性，提高了信息记录检索的效率，更重要的是降低了信息记录的运行成本，方便了信息记录的管理，提高了信息记录工作的效率。信息管理的方式和手段适应了现代网络社会的发展，提升了科研不端行为治理的信息化水平，体现了科研不端行为的治理能力不断地走向现代化。

六　媒体报道的引导机制

各国媒体都对科研不端行为案件的披露和跟踪报道表现出浓厚的兴趣。比如说，韩国著名生物科学家黄禹锡造假事件，不仅引起了韩国国内大众媒体的持续关注和追踪报道，其他国家的媒体对黄禹锡造假事件也表现出强烈的兴趣，进行了大量的跟踪报道和评论。中国媒体关注黄禹锡造假事件，一个重要的原因就是目前国内的学术造假泛滥，而学术造假事件的查处机制还很不完善，媒体希望通过报道讨论，促使国内科学界能够学习韩国在查处科研不端行为方面的特色做法和经验，汲取黄禹锡事件的教训，进一步反思和完善中国所存在的许多亟待解决的查处机制问题，努力减少和避免中国版黄禹锡现象的出现。

科研不端行为事件的媒体公开报道是维护有关各方权益的重要途径，能在一定程度上保障案件查处工作的公开透明，有利于科研不端行为查处的公开、公平、公正，是实现科研不端行为治理程序正义的必然选择。从某种意义上说，科研不端行为查处结果的公开通报比作出处理决定本身更重要，因为查处主体对案件查处结果的公开通报，表明了案件查处的程序是正义的、查处的结论是可信的、查处的态度和决心是坚定的。一般而言，国内对于科研不端行为的惩处也就是在一定的年限内剥夺科研不端当事人从事相关科研活动的权利，如禁止申请科研资助项目、不得担任评审专家或顾问等。但是科研不端行为被媒体公开报道，特别是在互联网上被公开曝光的话，能够对其他科研工作者起到威慑作用，有利于提高当事人违法违规的成本，当事人违规的代价就更大了，可能就不仅仅失去了获得科研资助的资格，严重者就彻底失去科研工作者的身份，断送其学术生涯，甚至被所在研究单位解聘。从这个意义上说，媒体报道会对科研不端行为的查处起到威慑作用，应当积极引导，确保科研不端行为的报道客观公正，真正发挥媒体报道在科研不端查处工作中的积极意义。

当前我国正处于社会转型期，整个社会正在经历着一场前所未有的大变革，在全面深化改革的大背景下，政治、经济、文化、社会等各领域、各方面都开始展现出巨大而深刻的变化。随着各项事业的持续发展和改革的不断深入，国内各领域的矛盾和问题日益凸显，与此同时，随着国家政治文明建设的方向越发明确，维护广大人民群众的知情权、表达权、参与权和监督权的机制更加完善，广大人民群众政治参与的热情空前高涨、民主参与的意识增强，加之媒体的市场化改革和自媒体的迅速兴起，以及科研不端事件对公共利益存在直接的或潜在的危害，部分社会公众对科研不端行为事件的有关报道表现出强烈的关注和浓厚的兴趣。

科研不端行为事件的媒体报道呈现出六个明显的特点：一是媒体报道的集中性，一则撤稿消息在很短的时间引起几十家甚至百余家媒体集中报道，聚散来去匆匆；二是媒体报道的相关性，围绕此科研不端事件相关的其他科研不端行为事件、人物或者话题也立刻成为传播的对象；三是媒体报道的蔓延性，虽然围绕的是科研不端行为事件，但是讨论和关注的内容发生了变化，从科研不端事件的关注转为对科研不端产生的文化动因和科研评价机制完善的思考，如 2015 年和 2017 年发生的

Springer 出版集团大规模撤稿事件的报道，最后引发公众对医生考核评价机制的讨论；四是媒体报道产生影响的强持续性，对于某一典型的科研不端行为事件报道，能够引发公众对该类事件的持续强烈关注，如北京大学撤销于艳茹博士学位事件一经媒体报道，迅速成为全国关注的焦点；五是媒体报道的不对称性，表现为传统媒体舆论场和新媒体舆论场的不对称性；六是媒体报道的互动性，传统媒体是科研不端案件的第一信息传播源，自媒体在与传统媒体关注同一事件时，通过信息挖掘实现互动，自媒体可以发挥自身优势，有效实现话题讨论的及时互动。

第四节　美国科研不端行为查处机构研究——以 ORI 为例

美国研究诚信办公室（ORI：Office of Research Integrity）是目前世界上知名度最高、查处科研不端行为最专业、最权威的科研诚信管理机构，堪称全球范围内科研不端治理的典范。自成立以来，ORI 经历了一个不断发展的过程，影响力越来越大。随着全球科研不端行为的不断滋长，ORI 作为应对科研不端的专门机构，越来越引起科研管理者的关注。通过对 ORI 的历史演变、管理体制、运行机制等进行探讨，试图对这一专门机构做较为全面、系统、完整的解读。

科学研究是崇高的事业，科学知识的生产和流通是以科学家的诚信为基础的，科学共同体是一套良好的自我纠错系统，科研不端行为即便存在也是极罕见的。然而，20 世纪 70 年代后，科学界披露出来的种种造假丑闻动摇了这种信任，社会对科学的信任已经崩溃。美国科学记者威廉·布劳德和尼古拉斯·韦德在《背叛真理的人们——科学殿堂中的弄虚作假》一书中，揭露了科学史上许多杰出人物在科研活动中存在数据造假。美国接连披露了生物医学领域大量的伪造、篡改、剽窃事件，如萨默林事件、阿尔萨布狄事件以及达尔西事件等科研不端典型案件，使人们不再相信科研诚信的缺失是偶然现象。迫于防范科研经费被滥用和促进科学事业健康发展的双重压力，美国联邦政府开始介入和干预科学界，积极探讨治理科研不端的对策。就是在这样的背景下，美国卫生与人类服务部（HHS：United States Department of Health and Human Services）率先建立了调查处理科研不端的专门机构——美国研究诚信办公室，ORI 经过了二十多年的发展演变，形成了一套比较严谨的组织体制和运行机制，积累了丰富的管理经验，堪称全球科研不端治理的典范。当前，科研不端已经成为全球科技界乃至国际社会普遍关注的热点问题，在寻求全球共同治理的背景下，深入探讨 ORI 这一专门机构无疑具有重要的意义。

一　ORI 的历史演变

1974—1981 年间，美国曝光了 12 起科研不端行为典型案件，案件涉及公共卫生署（PHS：Public Health Services）下属的 4 个主要研究中心，引起了政府的高度关注。1981 年，国会议员、国会科学技术委员会调查与监督分委会主席艾伯特·戈尔（Albert Gore）就科研不端事件举行了第一次听证会。听证会的召开，标志着美国政府开始介入科学活动的管理，自此，科研不端问题在美国成为公众话题，国会也一直保持对科研不端行为的关注。

（一）发展前身和 ORI 的正式成立（1985—1992 年）

1985 年，美国政府颁布了关于健康研究的补充法案（Health Research Extension Act），要求申请政府资助的研究单位建立专门的机构来负责核查涉及科研不端行为的研究，调查那些被举报的案件，并向政府提交报告。1986 年美国国立卫生研究院（NIH：National Institutes of Health）将接收和回应研究不端行为报告的责任分配给其机构联络处，这是在 HHS 内为科研不端行为建立责任中心迈出的第一步。1986 年 4 月发生了著名的巴尔的摩案件，由于没有一套法定的调查处理程序，巴尔的摩案件的调查工作几经周折，调查进度缓慢、透明度不够，常常屈从于政府的压力，始终无法排除调查组成员与当事人之间的利益冲突。正是为了解决案件调查工作中的重重困难，1989 年，HHS 补充了“公共健康服务法案”，赋予资助机构调查和处理科研不端行为的权力。1989 年 3

月，HHS 在 NIH 院长办公室设立了科学诚信办公室（OSI：Office of Scientific Integrity），负责调查 NIH 资助项目中的科研不端行为；同时在 HHS 助理部长办公室设立了科学诚信审查办公室（OSIR：Office of Science Integrity Review），负责审查、监督资助项目的科研诚信。然而，OSI 的工作并不令人满意，甚至被认为没有能力调查科研不端。于是，1992 年 5 月，OSI 被宣布解散，在 OSI 和 OSIR 基础上成立了 ORI，并从 NIH 分离出来，成为 HHS 的一个独立实体，拓展了 ORI 的管辖权，由 HHS 助理部长直接管理。

（二）基本组织架构形成后的稳步发展期（1993—1999 年）

虽然 ORI 成立于 1992 年 5 月，但直到 1993 年 6 月，时任总统克林顿签署了《国立卫生研究院复兴法》后，才正式将处理科研不端行为的责任从资助机构剥离出来。根据此法案，组织机构上，ORI 为 HHS 下面的一个独立实体，设在 HHS 助理部长办公室，由其直接管理。ORI 由 4 个部门组成，分别是主任办公室、政策教育部、研究调查部和法律顾问部，法律顾问由 HHS 总法律顾问办公室负责。巴尔的摩案件的查处推动了美国科研诚信的体制化，促成了 ORI 的创建；同时 ORI 也经历了一次洗礼，正是在巴尔的摩案件长达十年反反复复地调查处理过程中，人们对 ORI 的科研诚信政策以及科研不端行为的定义有了新的思考，ORI 也在不断地改进存在的缺陷和不足，促使了 ORI 管理理念的转变，工作也从单一重心转变为双重重心，即从科研不端调查处理转变为科研不端行为的预防和科研诚信的教育并重。

（三）统一科研不端行为标准后的黄金发展期（2000 年至今）

2000 年 12 月，美国联邦政府科技政策办公室颁布了《关于科研不端行为的联邦政策》，明确了科研不端行为仅限于 FFP，即伪造（Fabrication）、篡改（Falsification）和剽窃（Plagiarism），这些行为的判断标准是：一是明显偏离了正常的科研行为；二是故意或是在知情的情况下进行科研不端行为；三是有重要证据予以证明，但不包括诚实的错误和观点的分歧。根据职责划分，ORI 对 HHS 资助的生物医学研究拥有监督权，研究机构对科研不端行为的预防和发现负主体责任，承担有关科研不端行为举报的初步调查，并向 ORI 报告，ORI 对研究机构提交的报告进行审查，只有在特殊情况下 ORI 才展开自身调查。ORI 的角色从早期的直接介入调查转变为对研究机构的调查工作进行监督和指导，ORI 则把更多的精力用在加强科研诚信教育和制定科研不端的政策。值得一提的是，2007 年以来，ORI 发起并举办了五届世界科研诚信大会，有力地推动了全球科研不端的共同治理。

二 ORI 的管理体制

为什么将 ORI 设在 HHS? 主要是由两方面因素决定的：一方面，HHS 一直将公共卫生作为美国联邦政府科研资助的重点领域，PHS 下属的 NIH 是美国政府资助公共卫生的专门机构，每年资助以美国为主的 2000 多个研究机构的 30000 多个研究项目；另一方面，生命科学领域的研究，直接关系到公众的健康，不负责任的研究行为所造成的影响更大、危害更深。大量的研究机构、研究项目、研究经费以及公众健康迫切需要强化研究诚信，ORI 的主要使命就是维护这些研究项目的诚信，确保政府科研经费不被滥用，提升公众健康科研诚信，因而 ORI 被赋予调查那些被举报或被质疑的研究项目的权限和职责。

经过 24 年的发展，特别是 ORI 管理理念的转变和工作重心的转移，组织机构名称也在调整完善，逐渐走向成熟。截至 2016 年 9 月，ORI 的组织机构为：主任办公室、诚信教育部、调查监督部和直属于 HHS 的综合法律顾问部，其中诚信教育部下设计划合规（保证）部，目前有 20 多名工作人员（不含设在 HHS 综合法律顾问办公室的法律专家）。

表 6－1 **美国 ORI 的组织机构设置情况**

（笔者根据 ORI 网站资料整理）

	部门	岗位	人数/名
美国研究诚信办公室（ORI）机构设置	主任办公室（OD：Office of the Director）	主任	1
		公共卫生顾问	1
		工作人员助理	1

续表

	部门	岗位	人数/名
美国研究诚信办公室（ORI）机构设置	诚信教育部（DEI：Division of Education and Integrity）	主任	1
		计划保证专员	1
		健康科学家	
		管理员	2
		研究员	2
	调查监督部（DIO：Division of Investigative Oversight）	主任	1
		健康科学家管理员	5
		计划工作人员	4
		学科专家	2
	综合法律顾问部（OGC：Office of the General Counsel）	法律专家	若干

主任办公室是由 ORI 主任、公共健康顾问和助理等 3 名工作人员组成，现任 ORI 主任帕廷（Partin）是生物学博士出身，担任科罗拉多州立大学生物医学系教授二十多年、科研诚信官近十年，是名副其实的业内专家，现负责 ORI 的全面工作，代表 HHS 助理部长监督和管理 PHS（除去美国食品药品管理局 FDA）的科研诚信活动，推动受助机构在生物医学和行为科学领域的负责任研究行为，对科研不端行为进行调查，并通过教育、预防和惩处等多种手段促进研究诚信。主任办公室肩负的职责是：通过颁布相关法规、制定政策及相关程序来教育、预防、调查和预防科研不端行为；指导和监督研究机构开展科研不端行为调查；对科研不端行为的调查结果进行评议，并提出处罚措施建议供 HHS 部长助理决策；开展负责任研究行为的教育宣传活动；向负责查处科研不端行为的研究机构提供专家咨询或专业技术援助服务；开展查处政策的分析、评价和研究工作，建立科研不端行为研究、科研诚信教育和预防的专家库、知识库、案例库，不断改进 HHS 的科研诚信政策和科研不端行为查处程序。

诚信教育部由 6 名工作人员组成，主要是来自教育学、社会学、情报学或法学等学科的博士。该部门的主要职责是针对那些受资助研究项目当中被发现和举报的科研不端行为，作为科研不端行为的治理部门制定出一套的查处制度应对措施，其中包括科研不端行为的界定、调查的实施程序、有必要澄清的事项、不端行为的判断标准、处罚措施、救济途径和诉讼办法、报告记录的管理、查处信息的公开等内容。其中，诚信教育部下设的计划保证部有 1 名职员，主要负责审查计划项目是否合规，保证其项目计划与 HHS 现有政策相一致。作为承担科研诚信教育的部门，工作人员还积极与大学、医学院校、学会和专业团体的专家进行合作，开展以科研诚信和科研伦理为主题的教育活动，努力做好教育预防工作。研究诚信建设的关键在教育，因此，开展丰富多样的负责任研究行为教育是 ORI 促进研究诚信的基础性工作。

调查监督部是 ORI 中最大的一个部门，由 12 名专业人员组成，其中有 7 名博士，包括生物化学、实验心理学、营养学、解剖学、分子生物学以及化学工程学等学科的博士。该部门主要负责科研不端行为举报的实际调查和监督工作，因此本部门的成员必须是由能够理解生命科学领域中各项专门研究工作的专业研究者构成。ORI 的调查对象是 HHS 资助的研究项目中被举报的科研不端行为，涉及的主要是生物医学和行为科学研究，所以调查监督部门的成员多为生命科学领域的科学家。他们了解分子生物学和癌症研究的最新信息，能够站在专家的立场上来判断是否存在科研不端行为。

综合法律顾问部是由 HHS 多名取得法学博士学位和具备律师资格的法律专业人士组成。主要职责是解决 ORI 在进行各种调查活动时产生的法律问题并进行相关法律事务准备，负责监督 ORI 的法律操作，具体包括：代表 ORI 参加部内诉讼委员会（DAB）之前的行政听证会；起草监管和立法倡议；并向 ORI 的调查监督和诚信教育部门提供咨询和建议。该部门还在法律保障上有力地支持了 ORI 的调查活动。

三 ORI 的运行机制及启示

在 ORI 二十多年的发展过程中，不断对查处的政策制度和程序进行修改完善，俨然成为政治与科学相结合的“边界组织”典范。ORI 成立之前，在科学界，科学家主导科学研究事业的发展方向，20 世纪 80 年代后，政府开始介入科学事业，加强科学研究活动的管理；ORI 成立之后，通过政府发挥外在管理和调节作用来维护政府资助项目的研究诚信。ORI 在全球科研诚信建设与科研不端治理实践中享有盛誉，对 ORI 的运行机制进行思考将会加深我们对科研诚信建设和科研不端治理的理解，为寻求新的治理办法提供有益的启示。

（一）科研诚信的教育防范与科研不端行为的调查监督相结合机制

在 ORI 成立之初，工作重点是对科研不端举报的调查，但是后来慢慢意识到，消除科研不端行为的根本途径不在查处，而是在于防范。就科研不端而言，事前预防的意义远大于事后的调查与惩处。随着 ORI 管理理念的转变和工作重心的转移，ORI 实际工作职责和内容也在随之发生变化，由起初的直接介入调查转向诚信教育与监督调查相结合。面对持续增多的科研不端举报，ORI 被迫采取科研不端调查工作重心下移，由研究机构开展调查工作，ORI 负责监督调查，从而腾出更多的精力去开展科研诚信教育工作。为此，ORI 一改往日的“科学界警察的形象”，开始强调教育防范活动。ORI 于 2002—2006 年连续 5 年开展了 5 轮的负责任研究行为资源开发计划，并于 2004 年出版了《科研伦理入门——ORI 介绍负责任研究行为》一书，介绍了负责任研究行为的基本规则。

（二）深化与高校、科研机构等部门合作交流，实现资源共享机制

ORI 积极与高校、科研机构、学会协会、专业团体等合作交流，通过人才、技术等资源共享，寻求协同治理。对科研不端行为举报的调查处理过程中，如研究机构因缺乏调查处理经验，调查取证存在技术困难或者作为调查主体需要回避利益冲突，可以向 ORI 进行技术咨询或寻求技术援助，必要的时候，ORI 将利用自身的专业优势提供技术咨询或技术援助，通过向科研不端行为举报的受理机构提供专业、快速、便捷的服务，实现优质资源共享。对于部分特殊情况，ORI 也可以直接展开自身的全面调查，如涉及利益冲突或者因其他缘故经研究机构提出申请的。此外，对于不属于 ORI 调查对象的科研不端行为，如涉及其他政府部门或民间的研究项目，ORI 从共同打击科研不端行为和营造良好的科研环

境出发，也对其调查主体提供技术咨询或技术援助服务。

（三）加强国际交流合作，推动科研不端全球共同治理的机制

ORI 积极搭建合作交流平台，共同探讨国际标准，共同开展科研诚信建设。随着国际科技交流与合作的增多，频繁出现的国际科技合作与交流中的科研不端行为，常常因缺乏打击科研不端方面的统一政策制度而得不到及时有效的查处。为了更有效地应对科研不端行为的全球治理，ORI 与欧洲科学基金会共同发起并于 2007 年在葡萄牙里斯本召开了第一届世界科研诚信大会；2010 年在新加坡举行了第二届世界科研诚信大会，发布了《科研诚信新加坡声明》；2013 年在加拿大蒙特利尔举行了第三届世界科研诚信大会，并发布了《科研诚信蒙特利尔声明》；2015 年在巴西里约热内卢举行了第四届世界科研诚信大会；2017 年在荷兰阿姆斯特丹召开第五届世界科研诚信大会。从 2007—2019 年的十二年时间，ORI 联合发起并在世界几大洲轮流举办了六届世界科研诚信大会，这些会议的成功召开，达成了多项国际共识，形成了一些联合宣言，促进了世界各国科研诚信相关政策规范的建设，对全球科研不端治理起到重要的推动作用。

表 6－2　六届世界科研诚信大会举办情况（笔者根据会议网站资料整理）

届次	时间	地点	会议主题	参会国家数/个	参会人数/人	会议成果
1	2007 年 9 月 16—19 日	葡萄牙里斯本	促进负责任的研究	47	275	达成多项共识
2	2010 年 7 月 21—24 日	新加坡	科研诚信的挑战与应对策略	59	350	《科研诚信新加坡声明》
3	2013 年 5 月 5—8 日	加拿大蒙特利尔	研究合作中的责任以及作者对研究成果的责任	40	300	《科研诚信蒙特利尔声明》
4	2015 年 5 月 31 日—6 月 3 日	巴西里约热内卢	科研奖励与诚信，改进负责任的科研系统	50	600	达成多项共识
5	2017 年 5 月 28—31 日	荷兰阿姆斯特丹	促进研究的透明度和问责制	52	729	《科研诚信阿姆斯特丹议程》

续表

届次	时间	地点	会议主题	参会国家数/个	参会人数/人	会议成果
6	2019 年 6 月 2—5 日	中国香港	科研诚信的新挑战	50	701	《科研人员评估之香港准则：维护科研诚信》

（四）签署自愿（排除或和解）协议的处罚机制

ORI 在遵照美国法律关于自愿排除的规定下，采取签署自愿协议的方式，达到惩处科研不端行为人的目的。所谓自愿排除是指本人已经同意在一定时间内自愿将个人的某种活动排除在一定范围之外。ORI 组织被举报人和 HHS 进行充分磋商，如果双方达成协议，就会签署一份自愿（排除或和解）协议；如果协议没有达成，HHS 将会实施带有强制性的惩罚措施。HHS 通常采取几种行政措施的组合：一是取消接受联邦资助的资格；二是禁止在 PHS 担任专家或顾问；三是研究工作在监督下进行；四是对已发论文提出更正或者撤稿；五是由被举报人出具信息来源的证明；六是被举报人参与的 PHS 项目，须提交数据真实性报告。处罚期限视情况而定，从 1 年至终生不等，一般以 3 年居多。自愿协议式处罚机制具有低成本、适应性强、灵活性好等特点，它可以有效地弥补行政手段的不足。

（五）利用互联网促进公共传播与推动信息公开机制

首先，ORI 在不断完善负责任研究行为的科研诚信教育资源的基础上，又进一步创新，开发出了科研诚信视频教育资源，如 ORI 在官网推出了一个互动电影《实验室：避免科研不端》，通过案例来进行负责任研究行为的教育。其次，ORI 在遵守《隐私法》和《信息自由法》等有关法律的前提下，向公众传递科研不端行为治理的信息，提高对公众的信息开放度和透明度，畅通公众对有关信息的获取途径，维护公众知情权，有利于公众对科研不端治理工作的监督。ORI 积极利用互联网进行案件公开通报，通过《案例摘要》《通讯》《科研不端行为公告板》《年度报告》等广泛传播给包括科学界在内的社会大众。此外，ORI 还建立了一套科研不端记录系统，对科研不端信息进行记录，包括科研不端行为人的个人信息、不端行为类型、不端行为调查报告及处罚措施等情况的记录，具有科研不端行为记录的档案功能。

总之，美国研究诚信办公室二十多年的历史演变和发展历程，是美国治理科研不端动态发展的标志，有力地促进了美国科学事业的健康发展，进而推动了科学技术的生产力功能、社会变革功能和生态调节功能的实现，提升了科技创新能力和水平。ORI 仅用了二十几年的时间就发展成为当今世界知名度最高、影响力最大、专业水平最高的科研诚信管理机构，被誉为全球科研不端治理的典范，非常值得我们深思和研究。我国历来重视科研诚信建设，也出台了一系列规章制度和政策措施。但由于起步较晚，在预防和查处科研不端行为的制度建设方面仍需要积极完善。分析、借鉴美国研究诚信办公室的经验和做法，对于我国各类科研资助管理机构具有重要的现实意义。

本章小结

本章内容是在对科研不端行为查处程序的理论分析和案例分析的基础上，提出的构建符合程序正义要求的科研不端行为查处程序建设的思路：主要包括科研不端行为的查处程序构建的基本思路、重点内容、配套机制和域外经验四个部分。首先，从科研不端行为查处政策统一化的必要性入手，提出了查处机构独立化的设想，分析了查处工作专业化的要求、进而形成了查处程序标准化的思考。其次，对当前科研不端行为查处程序制度建设的核心内容进行了研究，提出完善查处程序制度的基本框架。再次，对完善科研不端行为查处程序的配套机制进行了分析，进一步阐述了科研不端行为查处程序有待完善的几个机制。最后，从域外经验借鉴层面，系统分析介绍了美国研究诚信办公室的历史演变、管理体制和运行机制，以及它们的成功经验和做法对中国完善相关的体制机制具有重要的启示意义。通过对国外科研不端行为查处的独立“第三方”机构的实际运作的系统分析，进一步开阔了我国科研不端行为查处制度完善的思路。

第七章　研究结论与意义

本章内容是对本书第一章至第六章研究内容的总结，主要内容包括本研究的主要结论、主要创新点和研究结论的意义。

一　本书的主要结论

众所周知，诚信是科研活动的基石，是科研创新的最基本行为规范和核心价值。预防和查处科研不端是维护和促进科研诚信的两个基本手段，当预防的措施失灵，科研诚信的防线被逾越，依据怎样的科学、规范、高效的程序去查处不端行为，让科研不端行为人接受相应的处罚，既能做到事实清楚、证据确凿、定性准确、处理得当、程序规范，又能尊重和保障当事人的人格尊严和正当权益，那么建立一套符合程序正义的查处程序规范就显得尤为必要。英美等西方国家具有重视程序正义的法律文化传统，有一句广泛流传的法律格言："正义不仅应得到实现，而且要以人们看得见的方式加以实现。"程序正义是人们可以从具体案件裁判过程中看得见、感受到的正义，因此，程序正义被人们视为"看得见的正义"，与实体正义强调裁判结果有所不同，程序正义强调的是裁判过程是否公平合理。程序的公平正义不仅是保证裁判结果正义的必要条件，也是维护当事人程序性权利和人格尊严的重要途径，在当代的法律实践和公共治理实践中具有重要的理论价值和实践意义。科研不端行为的治理实践是否能够引入程序正义理论？科研不端行为的查处如何做到程序正义？截至目前，尚未发现已有文献就这一问题进行过系统深入的探讨，本书则以此问题作为研究对象。

本书是在对科研不端行为查处制度文本和相关研究文献进行梳理的基础上，确定以科研不端行为查处程序为研究对象，以程序正义理论为视角，综合运用文本分析法、比较分析法、案例分析法等研究方法，对科研不端行为查处程序诸环节进行检视，系统探讨了国内外主要科研资助管理机构的查处制度文本中有关查处程序设计，分析介绍了发达国家在查处程序建设方面的特色做法，提出了构建具有中国特色的科研不端行为查处程序制度，以期为我国科研不端行为查处实践提供理论指导，为国内科研不端行为治理制度的进一步完善提供有益的参考。

首先，本书探讨了科研不端行为查处制度的理论基础，从正义的内涵出发，引入程序正义理论、程序价值理论和尊严价值理论，分析了程序正义的参与性、中立性、对等性、合理性、及时性和终结性等基本要求，体现了自由、平等、公正、法治、人权的思想，旨在通过科学、合理、公开的程序约束公权力、捍卫私权利，对行使的自由裁量权予以正当化控制。程序正义本身就代表了公正与民主，与科研不端行为查处程序优化具有逻辑上的统一性。探讨了程序正义理论与科研不端行为查处程序两者逻辑关系，阐明了程序正义是科研不端行为查处程序优化的价值导向、评价标准和重要保障，体现了社会主义法治国家对科研不端行为查处过程中的程序公正、主体多元、权力规范行使、公民参与等最基本的要求，为科研不端行为查处程序优化提供了科学的指引和途径选择，紧接着又分析了引入程序正义理论的必要性和可行性，论证了程序正义理论与科研不端行为查处程序的适用性，阐释了程序正义理论对科研不端行为查处实践具有重要的理论指导价值。然后通过对近年来影响力较大的于艳茹事件和集中撤稿事件两个典型案例的深入剖析，从实践层面分析程序正义在科研不端行为查处程序中具有双重价值，一方面体现为程序的工具性价值；另一方面体现为程序自身的独立价值。

其次，以程序正义为视角，对国内外主要科研资助管理机构的科研不端行为查处程序制度文本进行系统地检视，对科研不端行为的调查和处理的各个阶段性程序进行了分析研究，在科研不端行为调查程序中，重点考察了举报和受理程序、初步核实调查程序、正式调查程序以及临时行政措施的启动与解除程序等，研究发现，在调查程序制度设计中，国内已有的查处程序文本中当事人参与程序设计不足，在临时行政措施的程序建设方面存在薄弱环节。在科研不端行为处理程序中，重点考察了科研不端行为处理决定的形成程序、科研不端行为处理的救济程序、科研不端行为处理结果的披露程序、科研不端行为处理的衔接程序、美国的自愿排除和解程序、美国科研不端行为记录系统等，研究表明，国内的处理程序设计中，听证、申诉等救济程序设计不足。指出程序正义是科研不端行为查处阶段性程序优化的价值导向和重要保障，明确每个查处程序的价值、实施主体、操作规程，尤其分析研究了国外在科研不端行为调查和处理过程中采取的特色做法，如临时行政措施、自愿排除协议、科研不端行为记录系统等。

最后，在对科研不端行为查处程序的系统分析研究基础上，着眼于推动科研不端行为治理体系和治理能力现代化，提出科研不端行为查处程序制度构建的设想，从科研不端行为查处程序构建的基本思路、重点内容和配套机制方面提出了系统的设想。在科研不端行为的查处制度体系中，要以完善程序制度为核心，将科研不端行为的查处程序制度建设作为科研不端行为治理制度的核心，为国内科研管理部门设计一套涵盖举报受理、调查处理、申诉救济等程序性环节的科研不端行为查处程序制度提供思路，为科研不端行为建立标准化的查处程序提供有益的参考。从科研不端行为政策统一化的必要性入手，提出了查处机构独立化的设想，分析了查处工作专业化的要求、形成了查处程序标准化的思路。对当前科研不端行为查处程序制度建设的核心内容进行了研究，提出完善查处程序制度的基本框架。对完善科研不端行为查处程序的配套机制进行了分析，进一步阐释了科研不端行为查处程序的完整制度体系。为国内修订和完善科研不端行为查处程序制度提供参考，为科研不端行为查处实践提供理论指导。

二　研究结论的意义

科研不端问题已经成为当今世界各国普遍关注的一个焦点问题、热门话题，一个亟待解决的难题。本研究是基于国内科研不端行为查处工作的现实需要，同时有利于弥补目前在科研不端行为查处程序方面研究不足的基础上提出的，本书紧紧抓住了程序法治的核心即程序正义，以程序正义为视角，审视科研不端行为查处程序，从理论与实践双重角度考察科研不端行为查处的正当程序，力图优化现有科研不端行为的查处程序，探索构建一套符合程序正义的科研不端行为查处阶段性程序，不仅可以保证查处结果公正，而且能够维护当事人的人格尊严和查处结果的公信力。

具体而言，本研究成果的意义主要体现在四个方面：一是通过对科研不端行为查处程序的实践考察和理论研究，为国内科研资助机构或管理机构查处科研不端行为的实践提供理论指导，为完善科研不端行为的查处程序制度建设提供思路；二是通过对美国自愿排除和解协议的内涵和特点的研究，为国内科研不端行为治理模式创新和治理体系建设提供借鉴和启发；三是通过对美国科研不端记录系统运行机制的研究，为国内科研不端行为信息记录和档案管理提供经验借鉴；四是通过对中美主要科研管理机构的科研不端行为查处阶段性程序的研究，为国内科研不端行为查处程序的完善提供参考。本课题研究成果可以为国家科技部、教育部、国家自然科学基金委、中国科学院、中国工程院、中国科协等科研管理部门，修订和完善科研不端行为查处程序制度提供参考，有助于国内各科研管理机构提升科研不端行为治理的水平，进而促进科研诚信和良好学风的形成。

参考文献

一　英文参考文献

1. 英文著作、期刊论文

Addeane S. Caelleigh, *Roles for scientific societies in promoting integrity in publication ethics*, Science and Engineering Ethics, 2003, 9: 221 – 241.

A. C. Stainthorpe, *Role of the UK panel for research integrity in health and biomedical science*, Research Ethics Review, 2007, 3: 71 – 72.

Barbara Mishkin, *Scientific misconduct Present problems and future trends*, Science and Engineering Ethics, 1999, 5: 283 – 292.

Carl Mitcham, *Dealing with Plagiarism as an Editor*, Science and Engineering Ethics, 2016, 8.

Chris B. Pascal, *The history and future of the office of research integrity: Scientific misconduct and beyond*, Scienceand Engineering Ethics, 1999, 5: 183 – 198.

Christopher Osakwe, *The Bill of Rights For the Criminal Defendent in American Law, in Human Rights in Criminal Procedure*, Nartinus Nijhoff Publishers, 1982.

Felice J. Levine, *Challenges in Studying the Effects of Scientific Societies on Research Integrity*, Science and Engineering Ethics, 2003, 9: 257 – 268.

Honor J. Passow, *Challenges in Studying the Effects of Scientific Societies on Research Integrity*, Research in Higher Education, 2006, 9: 643 – 684.

John E. Dahlberg, Nancy M. Davidian: *Scientific Forensics: How the Office of*

Research Integrity can Assist Institutional Investigations of Research Misconduct During Oversight Review, Science and Engineering Ethics, December 2010, Volume 16, Issue 4, 713 – 735.

Kenneth D. Pimple, *Six domains of research ethics*, Science and Engineering Ethics, 2002, 8: 191 – 205.

Marcel C. LaFollette, *Stealing Into Print: Fraud, Plagiarism, and Misconduct in Scientific Publishing*, Berkeley: University of California Press, 1982.

Melissa S. Anderson, *Collective Openness and Other Recommendations for the Promotion of Research Integrity*, Science and Engineering Ethics, 2007, 13: 387 – 394.

M. D. Bayles, *Principles for Legal Procedure*, *Law and Philosophy*, D. Reidel Publishing Company, 1986: 33 – 57.

M. S. Anderson, *Higher Education: Handbook of Theory and Research*, Springer: Science Business Media Dordrecht, 2013.

Nicholas H. Steneck, *Confronting misconduct in science in the* 1980*s and* 1990*s. What has and has not been accomplished*, Science and Engineering Ethics, 1999, 5: 161 – 176.

Nicholas H. Steneck, *Fostering integrity in research Definitions, current knowledge, and future directions*, Science and Engineering Ethics, 2006, 12: 53 – 74.

Peter Kakuk, *The Legacy of the Hwang Case: Research Misconduct in Biosciences*, Science and Engineering Ethics, 2009, 15: 545 – 562.

Vanja Pupovac, *Research Misconduct in the Croatian Scientific Community, A Survey Assessing the Forms and Characteristics of Research Misconduct*, Science and Engineering Ethics, 2016, 3.

Yoram Reich, *Theory and practice of journal editorship: on editorial ethics*, Research in Engineering Design, 2013, 24: 93 – 95.

2. 英文网络文献

About the National Archives: *The Privacy Act of* 1974, 2015 – 11 – 04, (http: //www. archives. gov/about/laws/privacy-act-1974. html) .

Code of Federal Regulations: *PART 689—RESEARCH MISCONDUCT* [45*CFR*689], 2017 - 01 - 04, (http: //cfr. regstoday. com/45cfr689. aspx) .

Legal Definitions & Legal Terms Defined: *Voluntary exclusion*: *US Legal*, *Legal Definitions Home*, *Voluntary Exclusion or Voluntarily Excluded* [*Education*] *Law & Legal Definition*, 2015 - 11 - 04, (http: //definitions. uslegal. com/v/voluntary-exclusion-or-voluntarily-excluded-education/) .

NSF OIG: *What is the office of inspector general?*, 2015 - 11 - 04, (http: //www. nsf. gov/oig/) .

Office of Science and Technology Policy: *Federal Research Misconduct Policy*, 2015 - 11 - 04, (http: //ori. hhs. gov/federal-research-misconduct-policy) .

Report Fraud, Waste, Abuse, or Whistleblower Reprisal to the NSF OIG: *Contact us to provide information about fraud*, *waste or abuse via*, 2015 - 11 - 04, (http: //www. nsf. gov/oig/report-fraud/) .

The Canadian Institutes of Health Research (CIHR), the Natural Sciences and Engineering Research Council (NSERC), the Social Sciences and Humanities Research Council (SSHRC) . Tri-Council Policy Statemem: *Integrity in Research and Scholarship*, 2017 - 01 - 07, (http: //www. nserc-crsng. gc. ca/NSERC-CItSNG/Policies-Politiques/tpsintegrity-picintegritie _ eng. asp) .

The HHSFOIA Reference Materials: *Freedom of Information Act*, 2015 - 11 - 04, (http: //www. hhs. gov/foia/statutes-and-resources/45cfr5/index. html #Suba) .

The National Science Foundation (NSF): *Research Misconduct*, 2015 - 11 - 04, (http: //www. nsf. gov/oig/_ pdf/cfr/45 - CFR-689. pdf) .

The National Science Foundation (NSF): *Search Case Closeout Memoranda*, 2015 - 11 - 04, (http: //www. nsf. gov/oig/case-closeout/) .

U. S. Department of Health and Human Services, Office of Research Integrity:

About ORI, 2015 – 11 – 04, (http: //ori. hhs. gov/about-ori).

U. S. Department of Health and Human Services, Office of Research Integrity: *Historical Background*, 2015 – 11 – 04, (http: //ori. hhs. gov/historical-background).

U. S. Department of Health and Human Services, Office of Inspector General: *Search the Exclusions Database*, 2016 – 01 – 04, (https: //exclusions. oig. hhs. gov/).

U. S. Department of Health and Human Services, Office of Research Integrity: *About ORI*, *Contact ORI*, 2016 – 07 – 04, (http: //ori. hhs. gov/contact-us).

U. S. Department of Health and Human Services, Office of Research Integrity: *About ORI*, *ORI Staff*, 2016 – 07 – 04, (http: //ori. hhs. gov/ori-staff).

U. S. Department of Health and Human Services, Office of Research Integrity: *Newsletters*, 2016 – 07 – 04, (http: //ori. hhs. gov/images/ddblock/vol1_no1. pdf).

U. S. Department of Health and Human Services, Office of Research Integrity: *Public Health Service-ALERT*, 2015 – 11 – 04, (http: //ori. hhs. gov/phs-alert).

U. S. Department of Health and Human Services, Office of Research Integrity: *Public Health Service-ALERT*, 2015 – 11 – 04, (http: //ori. hhs. gov/phs-alert).

U. S. Department of Health and Human Services, Office of the Secretary: *Case Summaries*, 2015 – 11 – 04, (http: //ori. hhs. gov/content/case-summary-briones-teresita-l).

U. S. Department of Health and Human Services, Office of the Secretary: *Case Summaries*, 2016 – 1 – 04, (http: //ori. hhs. gov/case_ summary).

U. S. Department of Health and Human Services, Office of the Secretary: *Case Summary-Eric T. Poehlman*, 2015 – 11 – 04, (http: //ori. hhs. gov/poehlman_ notice).

U. S. Department of Health and Human Services, Office of the Secretary: *Case Summary-Fujita, Ryousuke*, 2016 – 01 – 04, (http://ori.hhs.gov/content/case-summary-fujita-ryousuke).

U. S. Department of Health and Human Services, Office of the Secretary: *Case Summary-Xiao, Dong*, 2016 – 01 – 04, (http://ori.hhs.gov/content/case-summary-xiao-dong).

U. S. Department of Health and Human Services, Office of the Secretary: *News & Events, ORI Newsletters*, 2015 – 11 – 04, (http://ori.hhs.gov/newsletters).

U. S. Department of Health and Human Services, Office of the Secretary: *News & Events, ORI Newsletters*, 2016 – 01 – 04, (http://ori.hhs.gov/newsletters).

U. S. Department of Health and Human Services, Office of the Secretary: *VOLUNTARY EXCLUSION AND SETTLEMENT AGREEMENT*, 2016 – 01 – 04, (http://ori.hhs.gov/sites/default/files/vea_2.pdf).

U. S. Department ofHealth and Human Services, Office of the Secretary: *PHS Administrative Action Report – 1/27/2016*, 2016 – 01 – 27, (http://ori.hhs.gov/ORI_PHS_alert.html).

World Conferences on Research Integrity: *3rd World Conference on Research Integrity*, 2016 – 07 – 04, (http://wcri2013.org/overview_e.shtml).

World Conferences on Research Integrity: *4th World Conference on Research Integrity*, 2016 – 07 – 04, (http://www.wcri2015.org/index.php).

World Conferences on Research Integrity: *5th world conference on research integrity*, 2017 – 10 – 02, (http://www.wcri2017.org/program/conference-theme).

World Conferences on Research Integrity: *6th world conference on research integrity*, 2019 – 08 – 20, (http://www.wcri2019.org/).

二 中文参考文献

1. 中文图书（含专著、译著等）

陈凡、秦书生、王健：《科技与社会（STS）研究》，东北大学出版社 2009 年版。
陈瑞华：《程序正义理论》，中国法制出版社 2010 年版。
程龙：《法哲学视野中的程序正义》，社会科学文献出版社 2011 年版。
程现昆：《科技伦理研究论纲》，北京师范大学出版社 2011 年版。
冯坚、王英萍：《科学研究的道德与规范》，上海交通大学出版社 2007 年版。
高晓清：《学术规范的原理》，湖南人民出版社 2007 年版。
胡志斌：《学术不端行为的法律规制研究》，中国法制出版社 2014 年版。
胡志强、李斌：《科学技术与社会研究》，科学出版社 2013 年版。
姜明安：《行政程序研究》，北京大学出版社 2006 年版。
科技部科研诚信建设办公室：《科研诚信建设相关法律法规和文件汇编》，高等教育出版社 2017 年版。
科技部科研诚信建设办公室：《科研诚信知识读本》，科学技术文献出版社 2009 年版。
李世峰：《用程序写下正义》，湘潭大学出版社 2015 年版。
刘大椿：《在真与善之间：科学技术哲学导论》，中国人民大学出版社 2005 年版。
刘大椿等：《在真与善之间：科技时代的伦理问题与道德抉择》，中国社会科学出版社 2000 年版。
刘军仪：《美英科研诚信建设的实践与探索》，党建读物出版社 2016 年版。
马来平：《科技与社会引论》，人民出版社 2001 年版。
万俊人、梁晓杰：《正义二十讲》，天津人民出版社 2008 年版。
王文寅：《科技信用风险管理》，科学出版社 2014 年版。
魏屹东：《科学活动中的利益冲突及其控制》，科学出版社 2006 年版。

魏屹东：《美英应对科学利益冲突的制度与经验》，科学出版社 2015 年版。
徐亚文：《程序正义论》，山东人民出版社 2004 年版。
杨洋：《科技政策范式及其执行系统研究》，上海三联书店 2015 年版。
应松年：《行政程序法》，高等教育出版社 2009 年版。
郑真江：《学术不端行为处理制度研究》，海峡出版发行集团、福建人民出版社 2013 年版。
中国科学院：《科学与诚信：发人深省的科研不端行为案例》，科学出版社 2013 年版。
中国科学院：《科研活动道德规范读本》，科学出版社 2009 年版。
主要国家科研诚信制度与管理比较研究课题组：《国外科研诚信制度与管理》，科学技术文献出版社 2014 年版。
［加］瑟乔·西斯蒙多：《科学技术学导论》，许为民等译，上海科技教育出版社 2007 年版。
［美］Francis L. Macrina：《科研诚信：负责任的科研行为教程与案例（第三版）》，何鸣鸿、陈越等译，高等教育出版社 2011 年版。
［美］Nicholas H. Steneck：《科研伦理入门：ORI 介绍负责任研究行为》，曹南燕、吴寿乾、姚丽萍译，清华大学出版社 2005 年版。
［美］R. K. 默顿：《科学社会学》（上下册），鲁旭东、林聚任译，商务印书馆 2003 年版。
［美］R. K. 默顿：《十七世纪的英格兰科学、技术与社会》，商务印书馆 2000 年版。
［美］查尔斯·李普森：《诚实做学问：从大一到教授》，郜元宝、李小杰译，华东师范大学出版社 2006 年版。
［美］贾德森：《大背叛：科学中的欺诈》，张铁梅、徐国强译，生活·读书·新知三联书店 2011 年版。
［美］杰拉耳德·霍耳顿：《科学与反科学》，范岱年等译，江西教育出版社 1999 年版。
［美］卡尔·皮尔逊：《科学的规范》，李醒民译，华夏出版社 1999 年版。

[美] 美国科学、工程与公共政策研究会：《怎样当一名科学家：科学研究中的负责行为（第三版）》，曹莉译，中国科学技术出版社 2014 年版。

[美] 美国医学科学院等：《科研道德：倡导负责行为》，苗德岁译，北京大学出版社 2007 年版。

[美] 托马斯·库恩：《科学革命的结构》，金吾伦、胡新和译，北京大学出版社 2012 年版。

[美] 威廉·布劳德、尼古拉斯·韦德：《背叛真理的人们——科学殿堂中的弄虚作假》，朱进宁、方玉珍译，上海科技教育出版社 2004 年版。

[美] 约翰·罗尔斯：《正义论》，何怀宏、何包钢、廖申白译，中国社会科学出版社 1988 年版。

[日] 山崎茂明：《科学家的不端行为——捏造·篡改·剽窃》，杨舰、程远远、严凌纳译，清华大学出版社 2005 年版。

[英] J. D. 贝尔纳：《科学的社会功能》，商务印书馆 1982 年版。

[英] 迈克尔·马尔凯：《科学社会学理论与方法》，林聚任等译，商务印书馆 2006 年版。

[英] 约翰·齐曼：《真科学：它是什么，它指什么》，曾国屏等译，上海科技教育出版社 2008 年版。

2. 期刊论文

白新文、张婍、杜鹏、晏静露、刘正奎：《我国科研人员对学术不端行为的归因分析——基于参与国家重大科技项目科研人员的调研》，《中国科学基金》2017 年第 3 期。

蔡立英：《三种揭发科研不端的方法》，《世界科学》2014 年第 3 期。

曹南燕：《研究诚信的体制化——美国研究诚信办公室及其启示》，《自然辩证法研究》2006 年第 10 期。

曹南燕、邱仁宗：《促进负责任的研究——记首次世界科研诚信大会》，《自然辩证法研究》2008 年第 5 期。

昌增益、王志珍：《美国学术不端行为监管体系的建设及其对中国的启示》，《科技导报》2015 年第 15 期。

常宏建：《科研不端行为界定模式的国际比较与借鉴》，《中国科学基金》

2017 年第 2 期。
常宏建、方玉东：《科研不端行为听证制度探讨》，《自然辩证法研究》2012 年第 11 期。
常宏建、方玉东：《我国科研不端行为法律规制体系：现状、问题与建构》，《科技进步与对策》2015 年第 24 期。
陈民：《美国关于科研不端行为的定义与争论》，《世界科技研究与发展》1996 年第 5 期。
陈越、方玉东：《我国科研诚信状况浅析——以国家自然科学基金委员会处理学术不端案件为例》，《中国科技奖励》2011 年第 9 期。
陈越、方玉东：《我国科研诚信状况浅析——以国家自然科学基金委员会处理学术不端案件为例》，《中国科学基金》2011 年第 4 期。
褚宸舸：《我国科研不端行为调查处理的法律关系论要》，《山东科技大学学报》（社会科学版）2011 年第 1 期。
董兴佩：《中美科研不端举报人保护制度之比较》，《中国科技论坛》2016 年第 10 期。
董兴佩：《中美科研不端举报人保护制度之比较》，《中国科技论坛》2016 年第 10 期。
董兴佩：《中美科研不端嫌疑人隐私权保护制度之比较》，《科学学研究》2012 年第 5 期。
董兴佩、于凤银：《我国科研不端行为惩戒制度缺失论析》，《山东科技大学学报》（社会科学版）2011 年第 1 期。
方玉东、陈越：《科研不端行为：概念、类型与治理》（上），《中国高校科技》2011 年第 8 期。
方玉东、陈越：《科研不端行为：概念、类型与治理》（下），《中国高校科技》2011 年第 9 期。
方玉东、王持恒、常宏建、陈越：《举报科研不端行为的形式及其利弊分析》，《中国高校科技》2014 年第 9 期。
方玉东、张莉莉、陈越：《科研诚信建设与学术不端行为防范的方法初探——国家自然科学基金委员会第 53 期双清论坛综述》，《中国科学基金》2011 年第 3 期。
丰云：《程序正义视角下的行政权力规制》，《云南行政学院学报》2011 年第 5 期。
盖立涛：《论荀子的社会正义理论》，《江苏大学学报》（社会科学版）2014 年第 6 期。
郭德政：《科研不端行为调查处理的责权划分》，《科技管理研究》2013 年第 21 期。
国家自然科学基金委员办公室：《捍卫科学道德　反对科研不端——国家自然科学基金委员会召开科学道德建设通报会》，《中国科学基金》2005 年第 5 期。
韩迎春、陈速：《论科研不端行为及其防范路径》，《黑龙江高教研究》2009 年第 12 期。
和鸿鹏、王聪、李真真：《美国科研不端举报人保护制度研究》，《中国科学基金》2015 年第 4 期。
胡剑：《国内科研不端问题的研究现状及趋势——基于 CNKI 的文献计量分析》，《科学管理研究》2011 年第 2 期。
胡剑、史玉民：《欧美科研不端行为的治理模式及特点》，《科学学研究》2013 年第 4 期。
胡金富：《研究生学术不端行为的根源与对策》，《内蒙古师范大学学报》（教育科学版）2017 年第 11 期。
胡金富、史玉民：《程序正义视角下的科研不端行为查处》，《中国高校科技》2017 年第 5 期。
胡金富、史玉民：《国外学术期刊同行评审造假的分析及启示——基于 2015 年三次大撤稿事件的分析》，《中国科学基金》2016 年第 6 期。
胡金富、史玉民：《美国科研不端记录系统的制度内涵》，《中国科学基金》2017 年第 2 期。
胡金富、史玉民：《美国研究诚信办公室：历史演变、管理体制和运行机制》，《科技管理研究》2017 年第 12 期。
胡金富、史玉民：《美国自愿排除和解协议的内涵、特点及启示》，《科学管理研究》2017年第5期。
胡金富、史玉民：《中美科研不端查处程序的比较研究——基于NSF和NSFC》，《中国高校科技》2017年第4期。
胡林龙：《论学术不端行为的责任》，《法律科学》（西北政法大学学报）2015年第4期。
黄小茹：《科学研究中的不端行为刍议》，《科学文化评论》2010年第6期。
江必新：《行政程序正当性的司法审查》，《中国社会科学》2012年第7期。
蒋来、詹爱岚：《高校科研活动中的不端行为及对策研究》，《中国科学基金》2015年第1期。
蒋美仕：《从职业伦理到科研诚信——科研不端行为的国外研究动态分析》，《自然辩证法研究》2011年第2期。
蒋美仕：《美国防范科研不端行为的基层监管机制》，《科学学研究》2011年第7期。
蒋美仕：《美国联邦政府关于科研不端行为的政策演变——从不端行为定义的争议与统一过程审视》，《自然辩证法通讯》2008年第6期。
蒋美仕、付扬帆、唐军：《从职业伦理到公共政策的制度性转变——美国应对科研不端行为的策略及其意义》，《自然辩证法研究》2008年第9期。
蒋美仕、胡二龙：《美国防范科研不端行为的顶层与专门监管机制》，《长沙理工大学学报》（社会科学版）2011年第3期。
蒋美仕、蒋安、段诗韵：《科研不端行为查处程序的比较分析——基于美国、韩国及中国的典型案例》，《科学学研究》2013年第4期。
蒋美仕、李玲、杨维：《美国联邦政府关于科研不端行为的政策演变——从不端行为定义的争议与统一过程审视》，《自然辩证法通讯》2008年第6期。
蒋美仕、唐军、唐莉：《从职业伦理到公共政策的制度性转变——美国应对科研不端行为的政策法规体系》，《中国科技论坛》2008年第12期。

蒋兴华:《高校科研不端行为表现形式、产生根源及多元防治研究》,《科技管理研究》2012 年第 15 期。
焦爽、李春梅:《被撤销论文作者管理机制的构建探析》,《中国科技期刊研究》2017 年第 8 期。
教育部:《教育部关于严肃处理高等学校学术不端行为的通知》,《中华人民共和国国务院公报》2009 年第 23 期。
解本远:《大数据时代的科研不端治理》,《首都师范大学学报》(社会科学版) 2016 年第 2 期。
解本远:《科研不端行为的制度成因分析》,《首都师范大学学报》(社会科学版) 2013 年第 3 期。
科技部、教育部、中国科学院、中国工程院、中国科协:《关于科技工作者行为准则的若干意见》,《科学新闻周刊》1999 年第 37 期。
李大勇:《政府介入科研不端行为的正当性及界限》,《山东科技大学学报》(社会科学版) 2011 年第 1 期。
李建华:《公共政策程序正义及其价值》,《中国社会学》2009 年第 1 期。
李金艳:《高等学校科研不端及其治理》,《中国成人教育》2007 年第 13 期。
李奇:《美国大学处理科研不端行为问题的研究报告》,《中国高校科技与产业化》2010 年第 8 期。
李玮、白新文、刘正奎:《我国科研人员对学术不端行为的内隐表征》,《科学与社会》2016 年第 4 期。
李小波、零建广:《调查与处理应予分离》,《中国水运》2002 年第 9 期。
李真真:《转型中的中国科学:科研不端行为及其诱因分析》,《科研管理》2004 年第 3 期。
刘长秋:《法治视野下的科研不端:成因与对策》,《山东科技大学学报》(社会科学版) 2011 年第 5 期。
刘秋华:《科研不端行为的社会学分析》,《自然辩证法研究》2008 年第 1 期。

卢明纯、蒋美仕：《我国应对科研不端行为的监管机制研究》，《科技进步与对策》2011 年第 4 期。
卢霜、顾伟华、唐珊：《全媒体中的“现象级传播”探析——以傅园慧走红事件为例》，《新闻前哨》2016 年第 9 期。
吕东锋：《科研不端行为的法律规制研究与展望（2006—2016）》，《法学教育研究》2017 年第 2 期。
吕东锋、单宝龙：《科研不端行为的法律分析及防控机制的构建》，《社会科学管理与评论》2008 年第 1 期。
骆长捷：《柏拉图的正义理论探析》，《中南大学学报》（社会科学版）2011 年第 1 期。
孟伟：《西方发达国家如何应对科研不端行为》，《科技导报》2006 年第 8 期。
彭小荡、苑素梅：《科研不端行为的成因探析》，《湖北广播电视大学学报》2012 年第 6 期。
钱振华、颜锋：《科研不端行为的纠偏模式初探》，《科学学研究》2009 年第 6 期。
沈海燕、黄奇：《自律与他律：科研不端行为的道德和法律分析》，《中国高等教育》2009 年第 Z1 期。
盛华根：《科学不端行为控制程序分析》，《科技管理研究》2008 年第 7 期。
舒国滢：《权利的法哲学思考》，《政法论坛》1995 年第 3 期。
孙平：《科研诚信的挑战与应对策略——记第二届世界科研诚信大会》，《科技管理研究》2011 年第 22 期。
孙平、郭德政：《科研不端行为调查工作专业化问题探析》，《科技管理研究》2014 年第 19 期。
谭九生、戴娟：《程序正义与政府决策程序优化》，《理论导刊》2015 年第 9 期。
唐伟华、焦利、王国骞：《政府资助科研领域中研究不端的法律规制——以西方发达国家为例》，《北京行政学院学报》2014 年第 6 期。

田贤鹏：《高校学术不端行为惩戒之过程审思——基于程序正义视角》，《北京社会科学》2017 年第 5 期。
汪俊：《成果共享视角下科研不端行为的治理机制》，《中国科学基金》2015 年第 5 期。
汪俊、吴勇：《制度框架下科研不端行为治理对策研究》，《中国科学基金》2009 年第 5 期。
王程韡：《从多源流到多层流演化：以我国科研不端行为处理政策议程为例》，《科学学研究》2009 年第 10 期。
王丹、张雪娇：《日本科研不端行为治理体系探析》，《重庆高教研究》2016 年第 5 期。
王飞：《奥地利科研不端治理体系的进展与启示》，《自然辩证法研究》2014 年第 8 期。
王飞：《德国科学界应对科研不端行为的措施及启示》，《长沙理工大学学报》（社会科学版）2013 年第 3 期。
王飞：《德语国家科研不端治理机制的比较及启示》，《大连理工大学学报》（社会科学版）2017 年第 1 期。
王飞：《瑞士科研不端治理机制及启示》，《长沙理工大学学报》（社会科学版）2015 年第 5 期。
王少：《权利视角下科研不端治理研究——以隐私权为中心》，《自然辩证法通讯》2017 年第 6 期。
王婉宁、李文娟：《我国科研不端行为的原因、防范和治理》，《文化学刊》2013 年第 3 期。
王雅芬：《科研不端行为的界定及其防范与治理》，《研究与发展管理》2007 年第 4 期。
王阳、程晖：《论美国科学不端行为调查的科学对话模式——兼论与美国司法模式的张力》，《中国科技论坛》2009 年第 12 期。
王阳、程晖：《美国科学不端行为调查程序的历史演进——以美国研究诚信办公室为中心》，《科学学研究》2010 年第 5 期。
王阳、胡磊：《巴尔的摩案与美国不端行为处理程序的演进》，《科学学研究》2016年第3期。
王阳、彭程:《从艾滋病毒发现权之争调查到科学不端行为调查——盖洛案例的调查历史研究》,《自然辩证法通讯》2014年第1期。
王阳、王希艳:《论美国“科学不端行为”定义的历史演进》,《自然辩证法研究》2009年第5期。
王阳、王希艳:《论美国科学不端行为定义演变的几个趋向》,《科学学研究》2008年第2期。
王阳、张保光:《贝尔实验室与舍恩事件调查——科研机构查处科学不端行为的案例研究》,《科学学研究》2014年第4期。
吴善超、江新华、苏青、曹南燕:《加强科研诚信建设 杜绝学术不端行为》,《中国科技论坛》2007年第6期。
吴忠民:《汉语语境中公正和正义概念的区别》,《理论视野》2011年第4期。
伍莺莺、许峥嵘:《科研不端行为的界定及其防治》,《法制与社会》2006年第10期。
谢小瑶、叶继元:《高校查处学术不端行为的双重困境与制度选择》,《南京大学学报》(哲学·人文科学·社会科学)2016年第4期。
辛向阳:《推进国家治理体系和治理能力现代化的三大路径》,《江西社会科学》2014年第2期。
邢雅娟:《浅析诚信档案建设对科研不端治理的意义——大数据视野下的新型社会治理模式》,《山西档案》2017年第2期。
徐文星:《我国科研不端行为调查处理机制之完善》,《山东科技大学学报》(社会科学版)2011年第1期。
杨国平:《浅谈苏格拉底人生哲学》,《社会科学家》2005年第S1期。
杨金志、王蔚、刘丹:《透明处理科研不端行为》,《瞭望》2007年第16期。
杨卫:《在国家自然科学基金委员会科研不端行为通报会上的讲话》,《中国科学基金》2015年第1期。
杨旭亮:《防范科研不端行为的法律体系构建》,《中国高校科技》2015

年第 8 期。
姚利民:《论学术腐败及其治理》,《湖南大学学报》(社会科学版)2002 年第 4 期。
尹伟民:《协商性纠纷解决机制之反思》,《学术界》2010 年第 8 期。
余凌云:《听证理论的本土化实践》,《清华法学》2010 年第 1 期。
宇文彩、张星:《美国高校科研不端行为防范与处理机制研究》,《重庆高教研究》2016 年第 5 期。
湛中乐、王春蕾:《于艳茹诉北京大学案的法律评析》,《行政法学研究》2016 年第 3 期。
张德昭:《作为现代性现象的科研不端——科研管理中科学与人文的冲突及其超越》,《学术界》2016 年第 11 期。
张桂平、廖建桥:《科研压力对高校学术不端行为的作用机制研究——组织支持和学术自尊的调节效应》,《科学学研究》2012 年第 12 期。
张莉莉、方玉东:《科研不端行为的治理路径——基于比较制度分析视角》,《自然辩证法研究》2015 年第 4 期。
张屏沐子:《我国执行救济制度的缺陷及其完善》,《江苏警官学院学报》2007 年第 3 期。
张效英、南国君:《科研不端行为的博弈分析及其治理》,《厦门大学学报》(哲学社会科学版)2011 年第 6 期。
张兴伟、王国骞、郑永和:《日本〈关于应对科研不端行为指南〉的经验与启示》,《中国科学基金》2016 年第 3 期。
张银霞:《美国研究型大学科研不端行为——概念、特点及对策》,《比较教育研究》2009 年第 8 期。
赵君、廖建桥、张永军:《科研不端行为的维度与测量》,《科学学研究》2012 年第 8 期。
赵君、鄢苗:《科研不端行为的概念特征、理论动因与影响因素》,《中国科学基金》2006 年第 3 期。
赵蔚:《科研成果合作署名的学术不端行为研究》,《宁波大学学报》(教育科学版)2015 年第 2 期。

中共中央：《中共中央关于自然科学工作中若干政策问题的批示（一九六一年七月十九日）》，《党的文献》1996 年第 1 期。

中国科学院：《关于加强科研行为规范建设的意见》，《中国科技期刊研究》2007 年第 2 期。

邹佳呈：《苏格拉底正义思想解读》，《佳木斯大学社会科学学报》2010 年第 2 期。

3. 国内报纸

操秀英：《国家基金委公开通报一批科研不端案例》，《科技日报》2013 年 8 月 2 日第 1 版。

陈宏光．于艳茹案：《北大为何两审都败诉》，《上海法治报》2017 年 8 月 14 日第 8 版。

敬一山：《严惩学术不端 净化学术空气》，《光明日报》2016 年 12 月 16 日第 3 版。

雷宇、来扬：《“一场与 SCI 有关的丑闻”》，《中国青年报》2010 年 1 月 4 日第 7 版。

李大庆：《最恶劣的学术不端行为：伪造、篡改、抄袭和剽窃》，《科技日报》2016 年 11 月 6 日第 3 版。

李吉斌：《立法规范第三方独立调查机构》，《法制日报》2012 年 4 月 24 日第 3 版。

李晓健：《于艳茹：还我“博士帽”》，《民主与法制时报》2015 年 4 月 12 日第 1 版。

刘素楠：《北大女博士“抄袭门”争议》，《南方都市报》2015 年 4 月 9 日第 A16 版。

罗晖：《陈宜瑜：负责任的科研行为有赖教育》，《科技日报》2011 年 8 月 30 日第 1 版。

罗沙：《科研不端行为抹黑科学殿堂》，《新华每日电讯》2013 年 8 月 2 日第 4 版。

邱晨辉：《41 篇中国论文被撤再次拷问学术道德》，《中国青年报》2015 年 5 月 23 日第 1 版。

饶毅：《处理学术不端 莫再坐而论道》，《人民日报》2011 年 1 月 25 日第 12 版。
任海军：《美国如何惩治科研不诚信》，《新华每日电讯》2014 年 1 月 7 日第 3 版。
唐婷：《加强科研诚信建设对学术不端零容忍》，《科技日报》2017 年 7 月 27 日第 1 版。
陶品竹：《正当法律程序原则与司法的谦抑性》，《民主与法制时报》2017 年 10 月 29 日第 11 版。
田新元：《科研信用黑名单剑指学术不端》，《中国改革报》2014 年 2 月 25 日第 9 版。
王飞：《通过落实主体地位治理科研不端行为》，《中国社会科学报》2017 年 4 月 25 日第 1 版。
王庆环：《北大败诉给高校带来什么启示》，《光明日报》2017 年 8 月 5 日第 6 版。
王亦君：《北大一博士被撤销学位诉母校终审胜诉》，《中国青年报》2017 年 7 月 27 日第 6 版。
杨舒：《对科研不端“零容忍”》，《光明日报》2016 年 12 月 13 日第 8 版。
杨舒：《国家自然科学基金委通报七起科研不端行为典型案例》，《光明日报》2014 年 12 月 31 日第 6 版。
岳晓武、王晓慧：《严格查处工作程序保障规范公正执法》，《中国国土资源报》2015 年 6 月 6 日第 7 版。
曾炜琴：《借鉴发达国家科研诚信建设的经验与教训》，《中国教育报》2011 年 11 月 9 日第 4 版。
詹媛：《抵制学术不端　守住科研底线》，《光明日报》2017 年 7 月 20 日第 6 版。
詹媛：《科研诚信是不容触碰的“高压线”》，《光明日报》2017 年 5 月 3 日第 1 版。
张亦筑：《科研不端或失信行为将记入信用库》，《重庆日报》2014 年 12

月18日第17版。
赵凌、邹承鲁：《一个说真话的人走了》，《南方周末》2006年11月30日第A08版。

4. 学位论文

白勤：《高校教师学术不端行为治理研究》，博士学位论文，西南大学，2011年。
白芸：《高校学术不端行为的分析研究》，硕士学位论文，陕西师范大学，2011年。
蔡瑞：《国外学术不端行为治理机制及其启示》，硕士学位论文，哈尔滨师范大学，2015年。
陈恺思：《高校学术不端行为治理研究》，硕士学位论文，广西大学，2013年。
陈蓉：《公开选拔领导干部的程序研究——以程序正义为视角》，硕士学位论文，太原科技大学，2013年。
戴娟：《程序正义视角下重大行政决策程序优化研究》，硕士学位论文，湘潭大学，2016年。
邓继好：《程序正义理论在西方的历史演进》，博士学位论文，华东政法大学，2010年。
邓芸：《论罗尔斯“程序正义”思想》，硕士学位论文，重庆大学，2008年。
丁玮：《美国宪法上的正当法律程序》，博士学位论文，中国政法大学，2005年。
董正华：《学术不端行为研究及对策》，硕士学位论文，大连理工大学，2009年。
杜一超：《行政程序的正义价值及其实现》，博士学位论文，中国政法大学，2009年。
段立斌：《科学不端行为治理对策研究》，硕士学位论文，兰州大学，2008年。
郭晶：《罗尔斯程序正义论》，硕士学位论文，山东大学，2012年。

何惠予：《高校学术不端行为的治理对策研究》，硕士学位论文，华南理工大学，2012 年。

何苗：《科研不端行为背后的制度缺陷及对策研究》，硕士学位论文，华中科技大学，2009 年。

胡二龙：《诚信视角下的中国科研不端行为监管机制及优化研究》，硕士学位论文，中南大学，2011 年。

胡剑：《欧美科研不端行为治理体系研究》，博士学位论文，中国科学技术大学，2012 年。

胡骁：《论程序正义》，硕士学位论文，华东政法学院，2006 年。

霍建菲：《高校学术不端行为治理研究》，硕士学位论文，山东大学，2013 年。

蒋安：《科研不端行为查处程序的比较分析》，硕士学位论文，中南大学，2014 年。

蒋美仕：《科研不端行为及其防治体系的理论与范例研究》，博士学位论文，中南大学，2009 年。

蒋问奇：《程序正义及其独立价值》，硕士学位论文，四川大学，2002 年。

焦俊波：《突发事件舆论引导机制研究》，博士学位论文，华中科技大学，2013 年。

李良勇：《现代程序正义的政治哲学思考》，硕士学位论文，湘潭大学，2010 年。

李明：《科学不端行为的成因及其对策》，硕士学位论文，华中师范大学，2008 年。

李娜：《我国行政处罚听证程序的施行现状与改进建议》，硕士学位论文，复旦大学，2012 年。

李新媛：《论我国科研不端行为的原因及对策》，硕士学位论文，重庆大学，2011 年。

李莹：《我国高校学术不端问题防范机制研究》，硕士学位论文，长安大学，2012 年。

梁帅：《科学造假的成因分析与制度防控》，博士学位论文，中国科学技术大学，2014 年。
梁颖：《我国高校学术不端行为的成因及治理对策研究》，硕士学位论文，东北大学，2012 年。
林晓霞：《民事诉讼程序正义理论及其实现机制研究》，博士学位论文，中国政法大学，2000 年。
刘辉：《科研诚信问题研究》，博士学位论文，吉林大学，2011 年。
刘卫国：《论程序正义》，硕士学位论文，四川师范大学，2008 年。
毛忠华：《程序正义问题研究》，硕士学位论文，江西师范大学，2010 年。
慕丽娜：《论程序正义及其实现保障》，硕士学位论文，辽宁师范大学，2003 年。
潘晴燕：《论科研不端行为及其防范路径探究》，博士学位论文，复旦大学，2008 年。
邱娜娜：《程序正义目标下的行政听证制度研究》，硕士学位论文，燕山大学，2012 年。
曲安琪：《美国科研不端行为治理制度化探析》，硕士学位论文，东北大学，2013 年。
石玮：《试析我国的科学不端行为》，硕士学位论文，上海交通大学，2007 年。
王丹：《英国科研不端行为治理文本研究》，硕士学位论文，河北师范大学，2016 年。
王军：《罗尔斯的程序正义思想研究》，硕士学位论文，上海师范大学，2008 年。
王婉宁：《科研不端行为的防范与治理》，硕士学位论文，大连理工大学，2013 年。
王学辉：《论实体正义与程序正义的辩证统一》，硕士学位论文，重庆大学，2010 年。
王铮：《论罗尔斯的程序正义》，硕士学位论文，吉林大学，2014 年。
王志刚：《贝勒斯程序正义理论研究》，硕士学位论文，西南大学，2013 年。

吴丁强：《科学传播视域下我国学术不端问题研究》，硕士学位论文，河南师范大学，2011 年。
吴缦莉：《医疗纠纷的行政 ADR 机制构建研究》，硕士学位论文，中国政法大学，2007 年。
武怡：《我国现阶段科研诚信研究》，硕士学位论文，中北大学，2013 年。
晏妮：《学术不端行为治理机制研究》，硕士学位论文，第三军医大学，2016 年。
杨进军：《当前我国学术不端行为的成因及对策研究》，硕士学位论文，西南交通大学，2005 年。
叶国平：《程序正义与正义程序》，硕士学位论文，南昌大学，2008 年。
于靖：《高校学术不端行为的评判制度研究》，硕士学位论文，华东理工大学，2012 年。
宇文彩：《国外科研不端行为的政府监管机制研究》，硕士学位论文，河北师范大学，2016 年。
张镧：《科研不端行为的法律规制比较研究》，硕士学位论文，华中科技大学，2008 年。
张萍：《高校学术不端行为制约机制研究》，硕士学位论文，东北师范大学，2014 年。
张爽：《科研不端行为的成因及对策探析》，硕士学位论文，大连理工大学，2013 年。
张霞：《学术不端行为的政府治理探索》，硕士学位论文，南京农业大学，2009 年。
章鑫：《基于文本挖掘的学术不端治理研究》，硕士学位论文，北京交通大学，2017 年。
周芋莲：《论程序正义的保障》，硕士学位论文，重庆大学，2016 年。
朱丹：《程序正义与人的存在》，硕士学位论文，黑龙江大学，2009 年。
朱琳：《政府科研投资项目中科研不端行为的治理研究》，硕士学位论文，郑州大学，2010 年。

5. 网络文献

法制晚报：《北大毕业博士被曝抄袭〈国际新闻界〉刊登公告曝光》，2017 年 1 月 4 日，（http：//www. njdaily. cn/2014/0825/926622. shtml）。

凤凰网资讯：《安大历史系同届同门两硕士论文涉抄袭曲阜师大同届同门两硕士》，2016 年 3 月 22 日，（http：//news. ifeng. com/a/20160322/48085274_ 0. shtml）。

国家自然科学基金委员：《国家自然科学基金委员会召开 2014 年“捍卫科学道德　反对科研不端”通报会》，2016 年 12 月 29 日，（http：//www. nsfc. gov. cn/publish/portal0/tab38/info47718. htm）。

国家自然科学基金委员：《基金委召开 2016 年“捍卫科学道德　反对科研不端”通报会》，2016 年 12 月 29 日，（http：//www. nsfc. gov. cn/publish/portal0/tab88/info53446. htm）。

国家自然科学基金委员会：《国家自然科学基金条例》，2015 年 11 月 4 日，（http：//www. nsfc. gov. cn/publish/portal0/tab218/info18297. htm）。

国家自然科学基金委员会：《国家自然科学基金委员会监督投诉信箱》，2015 年 11 月 4 日，（http：//www. nsfc. gov. cn/publish/portal0/tab225/）。

国家自然科学基金委员会：《国家自然科学基金委员会监督委员会处理决定》，2015 年 11 月 4 日，（http：//www. nsfc. gov. cn/nsfc/cen/00/its/jiandu991013/cljd_ more. html）。

国家自然科学基金委员会：《国家自然科学基金委员会监督委员会简介》，2015 年 11 月 4 日，（http：//www. nsfc. gov. cn/nsfc/cen/00/its/jiandu991013/jiandu2. html）。

国家自然科学基金委员会处理决定：《关于贺海波、吴理茂学术不端行为的处理决定》，2015 年 11 月 4 日，（http：//www. nsfc. gov. cn/nsfc/cen/00/its/jiandu991013/20090420_ 01. html）。

国家自然科学基金委员会监督委员会：《国家自然科学基金委员会监督委员会对科学基金资助工作中不端行为的处理办法（试行）》，2017 年 1 月 4 日，（http：//www. nsfc. gov. cn/nsfc/cen/00/its/nsfc990916/20050526_ 001. html）。

国务院:《信访条例》,2015 年 11 月 4 日,(http://www. gjxfj. gov. cn/2005-01/18/content_ 3583093. htm)。

胡建淼:《十八大报告将“依法治国”方略提到新高度》,2017 年 1 月 4 日,(http://www. chinadaily. com. cn/hqcj/zxqxb/2012-11-11/content_ 7477424. html)。

新华网:《十八届四中全会提出全面推进依法治国的总目标和重大任务》,2017 年 1 月 4 日,(http://news. xinhuanet. com/politics/2014-10/23/c_ 1112953357. htm)。

杨卫:《对科研不端行为“零容忍”,在国家自然科学基金委“捍卫科学道德,反对科研不端”通报会上的讲话》,2017 年 3 月 23 日,(http://www. edu. cn/ke_ yan_ yu_ fa_ zhan/zui_ jin_ geng_ xin/201612/t20161212_ 1475193. shtml)。

中国科学院:《中国科学院对科研不端行为的调查处理暂行办法》,2017 年 1 月 4 日,(http://www. gzb. ac. cn/lnqfw/zcfg/201603/t20160311_ 4549090. html)。

中国科研诚信网:《美国公共卫生署科研诚信记录系统简介》,2015 年 11 月 4 日,(http://www. sinori. cn/archives/11355)。

中国学位与研究生教育信息网:《美国研究诚信办公室处理科研不端行为的程序》,2016 年 7 月 4 日,(http://www. cdgdc. edu. cn/xwyyjsjyxx/hyxsdd/gjjj/276727. shtml)。

中华人民共和国教育部:《高等学校预防和处理学术不端行为办法》,2017 年 1 月 4 日,(http://www. moe. edu. cn/srcsite/A02/s5911/moe_ 621/201607/t20160718_ 272156. html)。

中华人民共和国科学技术部:《国家科技计划实施中科研不端行为处理办法(试行)》,2017 年 1 月 4 日,(http://www. most. gov. cn/kjbgz/200611/t20061109_ 37931. htm)。

中华人民共和国科学技术部:《科技部建立查处科技计划实施中科研不端行为的机构和机制》,2017 年 1 月 4 日,(http://www. most. gov. cn/kycxjs/kycxgzjz/200703/t20070321_ 42253. htm)。

中华人民共和国科学技术部：《学术期刊集中撤稿事件调查处理情况新闻通气会在京召开》，2017 年 7 月 30 日，（http：//www. most. gov. cn/kjbgz/201707/t20170727_ 134289. htm）。

中华人民共和国中央人民政府：《国家自然科学基金条例》，2015 年 11 月 4 日，（http：//www. gov. cn/flfg/2007-03/05/content_ 542692. htm）。

中华人民共和国中央人民政府：《国务院关于实施〈国家中长期科学和技术发展规划纲要（2006—2020 年）〉若干配套政策的通知》，2016 年 3 月 20 日，（http：//www. gov. cn/zwgk/2006-02/14/content_ 191891. htm）。

中华人民共和国中央人民政府：《中国科协等七部门联合印发“五不准”规范学术论文发表》，2017 年 1 月 4 日，（http：//www. gov. cn/xinwen/2015-12/03/content_ 5019643. htm）。

中华人民共和国中央人民政府：《中华人民共和国行政处罚法》，2015 年 11 月 4 日，（http：//www. gov. cn/banshi/2005-08/21/content_ 25101. htm）。

中华人民共和国中央人民政府：《中华人民共和国行政复议法》，2015 年 11 月 4 日，（http：//www. gov. cn/banshi/2005-08/21/content_ 25100. htm）。

中青在线 - 中国青年报：《“史上最牛硕士论文抄袭”调查》，2017 年 7 月 25 日，（http：//www. cyol. net/zqb/content/2009-05/25/content_ 2679986. htm）。

中青在线 - 中国青年报：《除了“致谢”不同 其他内容一字不差，比“史上最牛硕士论文抄袭”还要牛》，2017 年 7 月 25 日，（http：//zqb. cyol. com/content/2009-06/01/content_ 2688461. htm）。

附录　科研（学术）不端行为的相关法律法规和政策文件*

第一部分　全国人大和国务院颁布的相关法律法规

实施时间	颁布单位	法律法规制度名称
2008 年 7 月 1 日	全国人大常委会	中华人民共和国科学技术进步法
2010 年 4 月 1 日	全国人大常委会	中华人民共和国著作权法
1999 年 1 月 1 日	全国人大常委会	中华人民共和国高等教育法
1994 年 1 月 1 日	全国人大常委会	中华人民共和国教师法
1981 年 1 月 1 日	全国人大常委会	中华人民共和国学位条例
2007 年 4 月 1 日	国务院	国家自然科学基金条例
2014 年 7 月 1 日	国务院	事业单位人事管理条例

第二部分　中共中央和国务院发布的相关政策文件

颁布时间	颁布单位	制度名称
2012 年 9 月 23 日	中共中央、国务院	中共中央国务院关于深化科技体制改革加快国家创新体系建设的意见

* 资料来源：根据科技部科研诚信办公室编写的《科研诚信建设相关法律法规和文件汇编》一书和相关网站资料整理。

续表

颁布时间	颁布单位	制度名称
2015 年 3 月 13 日	中共中央、国务院	中共中央 国务院关于深化体制机制改革加快实施创新驱动发展战略的若干意见
2016 年 5 月 23 日	中共中央、国务院	国家创新驱动发展战略纲要
2014 年 3 月 3 日	国务院	关于改进加强中央财政科研项目和资金管理的若干意见
2014 年 6 月 14 日	国务院	社会信用体系建设规划纲要（2014—2020）
2014 年 12 月 3 日	国务院	关于深化中央财政科技计划（专项、基金等）管理改革的方案
2015 年 12 月 29 日	国务院办公厅	关于优化学术环境的指导意见
2016 年 7 月 31 日	中共中央、国务院	关于进一步完善中央财政科研项目资金管理等政策的若干意见
2017 年 1 月 8 日	中共中央、国务院	关于深化职称制度改革的意见
2018 年 5 月 30 日	中共中央、国务院	关于进一步加强科研诚信建设的若干意见
2018 年 7 月 3 日	中共中央、国务院	关于深化项目评审、人才评价、机构评估改革的意见
2018 年 7 月 18 日	国务院	关于优化科研管理提升科研绩效若干措施的通知
2019 年 6 月 11 日	中共中央、国务院	关于进一步弘扬科学家精神加强作风和学风建设的意见
2018 年 1 月 19 日	国务院	关于全面加强基础科学研究的若干意见
2020 年 2 月 19 日	中共中央、国务院	关于深化新时代教育督导体制机制改革的意见

第三部分　多部门联合发布的相关政策文件

颁布时间	颁布单位	制度名称
1999 年 11 月 18 日	科技部、教育部、中国科学院、中国工程院、中国科协	关于科技工作者行为准则的若干意见
2003 年 5 月 7 日	科技部、教育部、中国科学院、中国工程院、国家自然科学基金委	关于改进科学技术评价工作的决定
2007 年 1 月 16 日	中央组织部、教育部、科技部、人事部、中国科协	关于动员和组织广大科技工作者为建设创新型国家作出新贡献的若干意见

续表

颁布时间	颁布单位	制度名称
2009 年 8 月 26 日	科技部、教育部、财政部、人社部、卫生部、中国科学院、中国工程院、国家自然科学基金委、中国科协	关于加强我国科研诚信建设的意见
2014 年 1 月 29 日	国务院学位委员会、教育部	关于加强学位与研究生教育质量保证和监督体系建设的意见
2015 年 11 月 3 日	中国科协、教育部、国家新闻出版广电总局、中国科学院、中国工程院	关于准确把握科技期刊在学术评价中的作用的若干意见
2015 年 11 月 23 日	中国科协、教育部、科技部、国家卫计委、中国科学院、中国工程院、国家自然科学基金委	发表学术论文“五不准”
2016 年 3 月 25 日	科技部、国家发改委、教育部、工信部、财政部、农业部、人社部、国家卫计委、国家新闻出版广电总局、科学院、社科院、工程院、国家自然科学基金委、中国科协、中央军委装备发展部	国家科技计划（专项、基金等）严重失信行为记录暂行规定
2019 年 2 月 1 日	人社部、工信部	关于深化工程技术人才职称制度改革的指导意见
2019 年 5 月 16 日	中宣部、教育部、科技部、中共中央党校（国家行政学院）、中国社会科学院、国务院发展研究中心、中央军委科学技术委员会	哲学社会科学科研诚信建设实施办法
2019 年 9 月 25 日	科技部、中宣部、最高人民法院、国家发改委、教育部、工信部、公安部、财政部、人社部、农业部、卫健委、国家市场监管总局、中科院、社科院、工程院、国家自然基金委、中国科协中央军委装备发展部、中央军委科技委	科研诚信案件调查处理规则（试行）
2020 年 2 月 18 日	教育部、科技部	关于规范高等学校 SCI 论文相关指标使用树立正确评价导向的若干意见

第四部分　各部门发布的相关政策文件

（一）国家自然科学基金委颁布的文件

颁布时间	文件名称
2005 年 3 月 16 日	《国家自然科学基金委员会监督委员会对科学基金资助工作中不端行为的处理办法（试行)》
2006 年 3 月 16 日	《国家自然科学基金委员会监督委员会关于加强国家自然科学基金工作中科学道德建设的若干意见》
2009 年 1 月 5 日	《国家自然科学基金委员会工作人员职业道德与行为规范》
2014 年 12 月 2 日	《国家自然科学基金项目评审专家行为规范》
2015 年 5 月 12 日	《国家自然科学基金项目评审回避与保密管理办法》
2018 年 12 月 4 日	《国家自然科学基金委员会关于进一步加强依托单位科学基金管理工作的若干意见》

（二）科技部颁布的文件

颁布时间	文件名称
2003 年 1 月 29 日	《国家科技计划项目评估评审行为准则与督查办法》
2004 年 7 月 21 日	《关于在国家科技计划管理中建立信用管理制度的决定》
2006 年 11 月 7 日	《国家科技计划实施中科研不端行为处理办法（试行)》
2011 年 7 月 1 日	《关于组织国家科技重大专项项目课题承担单位和参与人员签订科研诚信承诺书的通知》
2012 年 2 月 6 日	《关于进一步加强国家科技计划项目（课题）承担单位法人责任的若干意见》
2020 年 2 月 17 日	《关于破除科技评价中“唯论文”不良导向的若干措施（试行)》

（三）教育部颁布的文件

颁布时间	文件名称
2002 年 2 月 27 日	《关于加强学术道德建设的若干意见》
2005 年 1 月 13 日	《教育部关于进一步加强和改进师德建设的意见》
2006 年 5 月 10 日	《教育部关于树立社会主义荣辱观进一步加强学术道德建设的意见》
2009 年 3 月 19 日	《教育部关于严肃处理高等学校学术不端行为的通知》
2011 年 11 月 7 日	《教育部关于进一步改进高等学校哲学社会科学研究评价的意见》
2011 年 12 月 2 日	《教育部关于切实加强和改进高等学校学风建设的实施意见》
2012 年 11 月 13 日	《学位论文作假行为处理办法》
2012 年 12 月 17 日	《教育部关于进一步加强高校科研项目管理的意见》
2012 年 12 月 18 日	《教育部关于进一步规范高校科研行为的意见》
2013 年 11 月 29 日	《教育部关于深化高等学校科技评价改革的意见》
2014 年 9 月 29 日	《关于建立健全高校师德建设长效机制的意见》
2016 年 3 月 31 日	《中共教育部党组关于强化学风建设责任实行通报问责机制的通知》
2016 年 6 月 16 日	《高等学校预防与处理学术不端行为办法》
2019 年 2 月 26 日	《教育部办公厅关于进一步规范和加强研究生培养管理的通知》

（四）中国科学院颁布的文件

颁布时间	文件名称
1998 年 12 月 14 日， 2014 年 9 月 29 日修订	《中国科学院院士增选投诉信处理办法》
2001 年 11 月 9 日	《中国科学院院士科学道德自律准则》
2004 年 3 月 19 日	《中国科学院科技工作者行为准则》
2004 年 10 月 18 日， 2008 年 11 月 6 日修订	《中国科学院院士违背科学道德行为处理办法》
2006 年 11 月 2 日	《中国科学院学部科学道德建设委员会关于院士兼职问题的几点意见》

续表

颁布时间	文件名称
2007 年 2 月 26 日	《中国科学院关于科学理念的宣言》
2007 年 2 月 26 日	《中国科学院关于加强科研行为规范建设的意见》
2012 年 5 月 11 日，2014 年 9 月 29 日修订	《中国科学院院士增选工作中被推荐人行为准则》
2014 年 9 月 29 日	《中国科学院院士行为规范》
2014 年 5 月 26 日	《追求卓越科学》
2016 年 3 月 8 日	《中国科学院对科研不端行为的调查处理暂行办法》
2018 年 4 月 24 日	《中国科学院科研道德委员会关于在学术论文署名中常见问题或错误的诚信提醒》

（五）中国工程院颁布的文件

颁布时间	文件名称
2012 年 11 月 6 日	《中国工程院院士增选诚信记录档案管理办法（试行）》
2014 年 12 月 9 日	《中国工程院院士科学道德守则》
2014 年 12 月 9 日	《中国工程院院士违背科学道德行为处理办法》
2016 年 12 月 21 日	《中国工程院院士增选投诉信处理办法》
2016 年 12 月 6 日	《中国工程院院士增选机关工作人员行为规定》
2016 年 12 月 6 日	《中国工程院院士增选工作中院士行为规范》
2016 年 12 月 6 日	《中国工程院院士增选违纪违规行为处理办法》

（六）中国社会科学院颁布的文件

颁布时间	文件名称
2002 年 8 月 29 日	《中国社会科学院关于加强学风建设的决定》
2010 年 7 月 29 日	《中国社会科学院关于处理学术不端行为的办法》
2013 年 9 月 18 日	《中国社会科学院关于加强科研学风、文风、作风建设的若干要求》

（七）人社部颁布的文件

颁布时间	文件名称
2005 年 11 月 16 日	《事业单位公开招聘人员暂行规定》
2012 年 8 月 22 日	《事业单位工作人员处分暂行规定》
2019 年 6 月 14 日	《职称评审管理暂行规定》

（八）国家卫健委颁布的文件

颁布时间	文件名称
2016 年 10 月 12 日	《涉及人的生物医学研究伦理审查办法》
2007 年 2 月 16 日	《关于促进卫生科技工作发展的指导意见》
2010 年 9 月 8 日	《中医药临床研究伦理审查管理规范》
2014 年 6 月 3 日	《关于进一步加强医学科研项目和资金管理的通知》
2014 年 8 月 28 日	《医学科研诚信和相关行为规范》

（九）国家新闻出版广电总局颁布的文件

颁布时间	文件名称
2012 年 9 月 4 日	《关于进一步加强学术著作出版规范的通知》
2014 年 4 月 3 日	《关于规范学术期刊出版秩序促进学术期刊健康发展的通知》

（十）中国科协颁布的文件

颁布时间	文件名称
2007 年 1 月 16 日	《科技工作者科学道德规范（试行）》
2008 年 11 月 16 日	《致全国科技工作者倡议书》
2009 年 9 月 7 日	《学会科学道德规范（试行）》
2014 年 9 月 4 日	《科技工作者践行社会主义核心价值观倡议书》
2015 年 3 月 6 日	《关于在科技界开展“作精神文明表率”活动的意见》

（十一）国务院学位委员会颁布的文件

颁布时间	文件名称
2010 年 2 月 9 日	《国务院学位委员会关于在学位授予工作中加强学术道德和学术规范建设的意见》

（十二）新闻出版广电总局颁布的文件

颁布时间	文件名称
2019 年 5 月 29 日	《学术出版规范 期刊学术不端行为界定新闻出版行业标准（CY/T 174—2019）》

作者博士在读期间发表的研究成果

1. 胡金富、史玉民：《国外学术期刊同行评审造假的分析及启示——基于2015年三次大撤稿事件的分析》，《中国科学基金》2016年第6期。

2. 胡金富、史玉民：《美国科研不端记录系统的制度内涵》，《中国科学基金》2017年第2期。

3. 胡金富、史玉民：《中美科研不端查处程序的比较研究——基于NSF和NSFC》，《中国高校科技》2017年第4期。

4. 胡金富、史玉民：《程序正义视角下的科研不端行为调查》，《中国高校科技》2017年第5期。

5. 胡金富、史玉民：《美国研究诚信办公室：历史演变、管理体制和运行机制》，《科技管理研究》2017年第12期。

6. 胡金富、史玉民：《美国自愿排除和解协议：内涵、特点及启示》，《科学管理研究》2017年第5期。

7. 胡金富：《研究生学术不端行为的根源与对策》，《内蒙古师范大学学报》（教育科学版）2017年第11期。

8. 胡金富、史玉民：《德国施普林格出版集团撤稿事件分析与建议》，《中国科学院领导参阅材料》，2015（57），2015年11月5日．中国科学院科学传播局；《中国科学院情况通报》，2015（40），2015年11月16日，中国科学院科学传播局。

后　记

本书是在我的中国科学技术大学博士论文《科研不端行为查处程序研究》基础上，修订完善而成。首先，我要向培养我的母校中国科学技术大学和导师史玉民教授致以诚挚的感谢。其次，我要衷心感谢支持我读博的全家人，没有他们的关爱、理解和鼓励，我就不可能顺利完成学业！父爱如山，母爱如海，我要特别感谢深沉无言、朴实无华的父母，他们不仅含辛茹苦把我养育成人，供我上学，而且在我工作多年之后，还一如既往地支持我继续深造，让我深深地感受到了父母无微不至的爱，像阳光雨露，既无私又伟大！

我在中国科学技术大学读博期间，有幸接触到导师史玉民教授主持的相关研究工作（受中国科学院的委托，史玉民教授课题组于2008—2013年编写并出版了《科研活动道德规范读本》和《科学与诚信：发人深省的科研不端行为案例》两本书），使我对科研不端行为有了进一步的认识。随着国内科研不端行为案件的不断增多，以及对科研不端行为查处问题的深入思考，我们逐渐认识到科研不端行为查处程序建设对于提升科研不端行为治理效能的重要性，并坚信系统研究科研不端行为查处程序具有一定的学术价值和实践价值，明确将其作为我的博士论文选题，在导师的指导和帮助下，顺利完成了博士论文《科研不端行为查处程序研究》，为本书的出版奠定了基础。

感谢安徽省教育厅给予的安徽省高校优秀青年人才基金重点项目资助，为本书的出版提供了经费支持。感谢安徽建筑大学的谢建教授、张亚新教授和成祖德教授对本书出版的大力支持。感谢科技部科研诚信建设办公室秘书处原顾问、国际科研合作信息网总编辑孙平博士对本书出版的关心和帮助。

感谢中国社会科学出版社的支持，使本书能够顺利出版。中国社会科学出版社的编校团队具有强烈的质量意识和精品意识，他们反复校对，精益求精，严格把关，他们认真严谨的工作态度和甘于奉献的敬业精神令人敬佩。感谢责任编辑王玉静、王衡、美编宋微微、责任校对程怡以及为本书成功出版做出贡献的所有人员。

感谢本书所用参考文献的作者，你们从不同视角探讨了科研不端行为的治理。当前，我国正在推进国家治理体系和治理能力现代化，这一时代背景有利于推动科研不端行为治理的相关理论与实践研究。希望本书的出版，能够引起更多的人关注和研究科研不端问题，为推进我国科研不端治理体系和治理能力建设进行不懈的探索。

虽然笔者力求完美，已然尽力，但囿于自身学识和学术能力所限，书中难免存在疏漏之处，敬请各位读者批评指正。

胡金富

2020 年 3 月于合肥